Tableauによる
タブロー
最強・最速のデータ可視化テクニック
~データ加工からダッシュボード作成まで~

松島 七衣 著

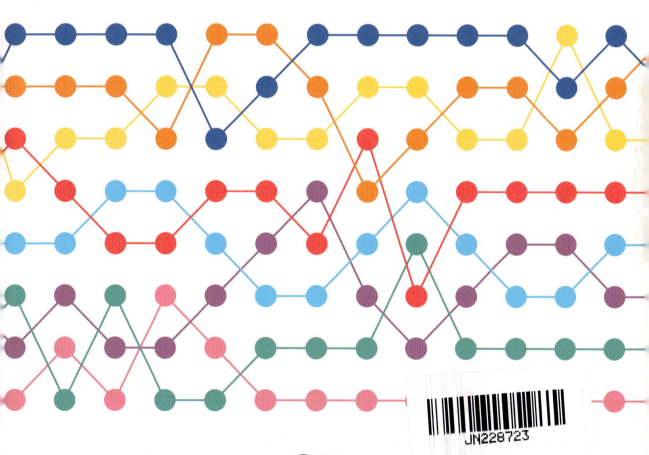

■ 本書内容に関するお問い合わせについて

　このたびは翔泳社の書籍をお買い上げいただき、誠にありがとうございます。弊社では、読者の皆様からのお問い合わせに適切に対応させていただくため、以下のガイドラインへのご協力をお願い致しております。下記項目をお読みいただき、手順に従ってお問い合わせください。

● ご質問される前に

　弊社Webサイトの「正誤表」をご参照ください。これまでに判明した正誤や追加情報を掲載しています。

　正誤表　https://www.shoeisha.co.jp/book/errata/

● ご質問方法

　弊社Webサイトの「刊行物Q&A」をご利用ください。

　刊行物Q&A　https://www.shoeisha.co.jp/book/qa/

　インターネットをご利用でない場合は、FAXまたは郵便にて、下記「翔泳社 愛読者サービスセンター」までお問い合わせください。

　電話でのご質問は、お受けしておりません。

● 回答について

　回答は、ご質問いただいた手段によってご返事申し上げます。ご質問の内容によっては、回答に数日ないしはそれ以上の期間を要する場合があります。

● ご質問に際してのご注意

　本書の対象を越えるもの、記述個所を特定されないもの、また読者固有の環境に起因するご質問等にはお答えできませんので、あらかじめご了承ください。

● 郵便物送付先およびFAX番号

　送付先住所　〒160-0006　東京都新宿区舟町5
　FAX番号　　 03-5362-3818
　宛先　　　　 （株）翔泳社 愛読者サービスセンター

※本書の内容は、本書執筆時点（2019年6月）の内容に基づいています。
※本書に記載されたURL等は予告なく変更される場合があります。
※本書の出版にあたっては正確な記述につとめましたが、著者や出版社などのいずれも、本書の内容に対してなんらかの保証をするものではなく、内容やサンプルに基づくいかなる運用結果に関してもいっさいの責任を負いません。
※本書に掲載されているサンプルプログラムやスクリプト、および実行結果を記した画面イメージなどは、特定の設定に基づいた環境にて再現される一例です。

※Tableauおよび記載されているすべてのTableau製品は、Tableau Software, Inc. の商標または登録商標です。
※その他、本書に記載されている会社名、製品名はそれぞれ各社の商標および登録商標です。
※本書では™、®、©は割愛させていただいております。

はじめに

Tableauとは、「使いやすさ」が評価されているデータ可視化ツールです。誰でも簡単にデータにアクセスし、図表やダッシュボードを仕上げて、共有できます。対象となるユーザーは、データを扱うすべての人です。学生からデータサイエンティストまで、世界中のあらゆる業界・業種で、Tableauは採用されています。定期的に作成する定型の分析レポートから、データから問題や知見を発見する単発的な分析まで、様々な用途に向いています。一度レポートを作成すれば自動的に更新できるので、時間や工数が大幅に削減でき、生産性向上に直結します。可視化したことからさらなる疑問が生じても、すぐに可視化した答えが出せるので、スピーディーなアクションにつなげられるでしょう。

またTableauは、本物のデータストーリーテリングがしやすいツールです。データストーリーテリングとは、データを基にした事実を列挙するだけでなく、流れのあるストーリーにして説明することをいいます。Tableauでは、柔軟にデータの見せ方を変えることができ、効果的に図表間を連動する様々な仕掛けを作れます。可視化を1つの資料として人間がストーリーを語るのではなく、データ自らに論理的な説得力のある説明をさせることができる。これが、Tableauの大きな特徴であるといえます。

本書では、一通りTableauの基本が理解できることを目的としています。Tableau Prep Builderでデータを適切な形式に変換し、Tableau DesktopまたはTableau Server・Tableau OnlineのWeb編集部分で、基本の図表を作成していきます。初学者でもわかりやすいように、1つ1つのステップを丁寧に記載しました。

Excelで繰り返し同じレポートを作成する方、帳票で数字を取りまとめているけれどもっとわかりやすく示したい方、単発的に行うアドホック分析に取り組みたい方など、業務でデータを扱いながら、その業務の改善やデータで新しいことにチャレンジしたい方に、ぜひ本書を読んで役立てていただきたいと思います。

Tableauは「セルフサービスBI」と自称しているだけあって、ユーザーが自分自身で学習できる情報がインターネット上に数多く存在しています。そうした情報を調べながらマスターすることも可能ですが、本書では、手間をかけずに短期間で習得できるよう、最初に知っておくべき必要な情報をかいつまんでまとめました。

データを自在に見せられる人材は、ますます需要が高まっています。欧米の転職市場では、Tableauのスキルを求める案件は好条件が多く、日本でも好条件の案件が出始めています。業務を理解していてデータを扱える人は、さらに希少です。

本書が、読者の皆さまの業務および個人のキャリアに貢献できることを願っています。

松島 七衣

Contents 目次

本書の使い方	xiv
付属データのご案内	xvi
会員特典データのご案内	xvi

Chapter 1 Tableauの概要 — 001

1.1	**Tableauの製品体系**	002
1.1.1	Tableau Desktop	002
	Tableau Desktopとパブリッシュ機能	002
1.1.2	Tableau Prep Builder	004
1.1.3	Tableau ServerとTableau Online	005
	Tableau ServerとTableau Onlineの違い	005
1.1.4	Tableau Reader	006
1.1.5	Tableau Mobile	007
1.1.6	Tableau Public	007
1.2	**Tableau のライセンス体系**	008
1.2.1	企業・個人向けの3つのライセンス	008
	導入例と運用方法	009
1.2.2	学生・教員向けのライセンス	010
1.2.3	非営利団体向けのライセンス	010
1.3	**Tableau 画面の名称と用語**	011
1.3.1	Tableau Desktopの操作画面	011
	［データソース］ページ	011
	［シート］タブ	012
1.3.2	Tableau Prep Builderの操作画面	013

Chapter 2 チャートの作成 — 015

2.1	**チャートタイプの一覧**	016
2.1.1	基本チャート	016
2.1.2	基本チャートの組み合わせ	017
2.1.3	表計算のチャート	018
2.1.4	日付型データを利用した表計算のチャート	018
2.1.5	地図	019
2.1.6	集計表	019

iv

2.2 基本チャート ……………………………………………………………… 020
  2.2.1 棒グラフ＋初めてのグラフ作成 …………………………………… 020
    「サンプル - スーパーストア.xls」への接続 ……………………………… 020
    作成方法1：ダブルクリックして作成 …………………………………… 021
    作成方法2：[表示形式] を使って作成 ………………………………… 022
    作成方法3：ドロップして作成 …………………………………………… 022
    集計の変更方法1：シェルフに入れたフィールドの集計方法を変更 ……… 023
    集計の変更方法2：デフォルトの集計方法を変更（[TD] のみ）………… 023
    集計の変更方法3：集計方法を指定してドロップ ……………………… 024
  2.2.2 折れ線グラフ ………………………………………………………… 024
    パターン1：日付の階層を使って年・月の推移を表す …………………… 025
    パターン2：月別傾向を表す ……………………………………………… 027
    パターン3：連続的な年月の推移を表す ………………………………… 027
  2.2.3 積み上げ棒グラフ（帯グラフ）……………………………………… 028
  2.2.4 積み上げ面グラフ ……………………………………………………… 031
  2.2.5 散布図 ……………………………………………………………………… 032
    さらにメジャーを加える …………………………………………………… 034
    ディメンションを加える …………………………………………………… 034
  2.2.6 ツリーマップ …………………………………………………………… 035
  2.2.7 円グラフ …………………………………………………………………… 036
    複数のメジャーで分ける …………………………………………………… 038
  2.2.8 ヒストグラム ……………………………………………………………… 039
  2.2.9 箱ヒゲ図 …………………………………………………………………… 040

2.3 基本チャートの組み合わせ …………………………………………… 042
  2.3.1 1つの軸で複数メジャーを扱う表現 ………………………………… 042
  2.3.2 複合グラフ（二重軸で複数メジャーを扱う表現）………………… 043
    方法1：ビューにドロップ ………………………………………………… 043
    方法2：シェルフで二重軸を指定 ………………………………………… 044
  2.3.3 スパークライン …………………………………………………………… 045
    ディメンションの項目でグラフを並べる ………………………………… 046
    複数のメジャーでグラフを並べる ………………………………………… 047
  2.3.4 スモールマルチプル ……………………………………………………… 048
  2.3.5 ガントチャート …………………………………………………………… 049
  2.3.6 スロープグラフ …………………………………………………………… 052
  2.3.7 ドーナツチャート ………………………………………………………… 054
  2.3.8 並列棒グラフ ……………………………………………………………… 058
  2.3.9 ブレットチャート ………………………………………………………… 059
    [表示形式] を使用して作成 ……………………………………………… 060
    [表示形式] を使用せずに作成 …………………………………………… 061

	2.3.10 Bar in Barグラフ	064
2.4	表計算のチャート	066
	2.4.1 100%帯グラフ	066
	2.4.2 100%積み上げ面グラフ	069
	2.4.3 滝グラフ（ウォーターフォールチャート）	069
	2.4.4 パレート図	071
	製品の「売上」累計比率を示す	071
	「製品名」を表示したまま「売上」を棒グラフで重ねる	073
	「製品名」を割合に変換して「売上」を棒グラフで重ねる	074
	2.4.5 管理図	077
2.5	日付型データを利用した表計算チャート	080
	2.5.1 累計	080
	［次を使用して計算］を利用	081
	［表計算の編集］を利用	082
	2.5.2 差	083
	日付フィールドが不連続の場合	083
	日付フィールドが連続の場合	086
	2.5.3 移動平均	088
	2.5.4 前年比成長率と前年比	090
	2.5.5 バンプチャート（順位変動グラフ）	092
	ランキングを1から表示する	094
	各マークに円やラベルを表示する	094
2.6	地図	096
	2.6.1 シンプルなマップ	096
	地理的なフィールドからマッピング	096
	地図の操作方法	098
	2.6.2 比例シンボルマップ（円と色で表現するマップ）	098
	2.6.3 色塗りマップ	099
	利益（メジャー）で色塗り	099
	地域（ディメンション）で色塗り	100
	2.6.4 密度マップ	101
	2.6.5 二重軸マップ（レイヤーマップ）	102
2.7	集計表	104
	2.7.1 クロス集計表（テキストテーブル）	104
	2.7.2 ハイライト表	106
	1つのメジャーで色をつける	106
	それぞれのメジャーで色をつける	107
	2.7.3 ヒートマップ	107

Chapter 3 データの整備 109

3.1 データ接続 110
3.1.1 Tableau Desktopによるデータの接続 110
［ファイルへ］からの接続 110
［サーバーへ］からの接続 110
［保存されたデータソース］からの接続 111
Excelファイルへの接続 111
3.1.2 Tableau Server・Tableau Onlineによるデータの接続 113
3.1.3 ライブ接続と抽出接続 115
ライブ接続と抽出接続の選択基準 116
3.1.4 抽出接続のポイント 117
完全更新と増分更新 117
抽出データを減らすコツ 117
Tableau Desktopで抽出ファイルを更新 119
3.1.5 データソースフィルター 119

3.2 接続するデータのもち方 121
3.2.1 ピボット 121
3.2.2 データインタープリター 122

3.3 複数データの組み合わせ 124
3.3.1 結合 124
結合句と結合タイプについて 126
異なるデータソース上のデータを結合するクロスデータベース結合 127
3.3.2 ユニオン 128
手動のユニオン 129
ワイルドカードのユニオン 130
データによってフィールド名が異なるときはマージ機能を利用 131

3.4 データの保存 133
3.4.1 データのファイル形式：.tdsと.tdsx 133
データソース（.tds） 133
パッケージドデータソース（.tdsx） 134

Chapter 4 フィールドの整備 135

4.1 データ型の確認と変換 136
4.1.1 データ型の確認と変更 136
4.1.2 日付型への変更 138
データ型を［日付］や［日付と時刻］に指定 138

		DATEPARSE関数を利用	139
		日付型に型変換する関数を利用	140
	4.1.3	**会計年度の変更**	141
		年度や月で表す場合	142
		年度や月より細かい日付レベルで表す場合	143

4.2 フィールドの理解 145

4.2.1	**メジャーとディメンション**	145
4.2.2	**連続と不連続**	146
	連続	146
	不連続	146
4.2.3	**メジャーネームとメジャーバリュー**	148

4.3 ［データ］ペインの整理 150

4.3.1	**フィールドの検索・名前の変更・非表示**	150
	フィールドの検索	150
	フィールド名の変更と元のフィールド名の確認	151
	フィールドの表示・非表示の切り替え	151
4.3.2	**フィールドのフォルダー管理**	152
	フォルダーの作成とフィールドのフォルダーへの移動	152
4.3.3	**階層**	153

4.4 フィールドの作成 156

4.4.1	**計算フィールドの作成**	156
4.4.2	**グループ**	158
	［データ］ペインからグループを作成	159
	ビューでグループを作成	160
4.4.3	**セット**	161
	［データ］ペインからセットを作成（固定セット・変動セット）、編集	161
	ビューからセットを作成（固定セット）	163
	In/Outで表現	164
	Inのメンバーで表現	164
4.4.4	**結合セット**	165

Chapter 5 ビジュアライゼーションの周辺効果 167

5.1 マーク 168

5.1.1	**［詳細］による視覚効果**	168
5.1.2	**［ラベル］による視覚効果**	170
5.1.3	**［サイズ］による視覚効果**	171
5.1.4	**［色］による視覚効果**	172
	不連続フィールドと連続フィールドの違い	172

viii

色の編集 ……………………………………………… 173

5.1.5 ［ツールヒント］による視覚効果 ……………… 174

5.2 フィルターとページ ……………………………………… 177

5.2.1 ディメンションフィルターとメジャーフィルター … 177

ディメンションフィルター …………………………… 177

メジャーフィルター …………………………………… 184

5.2.2 日付フィルター ……………………………………… 186

「相対日付」フィルター ……………………………… 186

「日付の範囲」フィルター …………………………… 187

年、四半期、月、年/月など ………………………… 187

5.2.3 ページ ………………………………………………… 188

変化の軌跡を表示したい場合 ………………………… 189

5.3 並べ替え …………………………………………………… 190

5.3.1 基本的な並べ替え …………………………………… 190

メジャーが1つの場合の、ビュー上での並べ替え …… 190

メジャーが複数の場合の、ビュー上での並べ替え …… 191

手動による、ビュー上での並べ替え ………………… 192

ダイアログボックスでの並べ替え …………………… 192

5.4 書式設定 …………………………………………………… 194

5.4.1 ワークブックレベルでの書式設定 ………………… 194

5.4.2 シートレベルでの書式設定 ………………………… 195

5.4.3 フィールドレベルでの書式設定 …………………… 197

［既定のプロパティ］でデフォルト表示を変更 ……… 197

数値形式の表示単位の変更方法 ……………………… 199

5.4.4 ビューで使用中のフィールドの書式設定 ………… 200

5.4.5 軸の範囲の変更 ……………………………………… 201

軸の範囲の固定 ………………………………………… 201

項目ごとに軸の範囲を最適化 ………………………… 202

5.5 分析機能の活用 …………………………………………… 204

5.5.1 定数線、平均線 ……………………………………… 204

定数線 …………………………………………………… 204

平均線 …………………………………………………… 206

5.5.2 傾向線 ………………………………………………… 207

5.5.3 予測 …………………………………………………… 209

5.5.4 クラスター …………………………………………… 210

ix

Chapter 6 ダッシュボードとストーリーの作成 213

6.1 ダッシュボード作成の基本 214
  6.1.1 ダッシュボードの作り方 214
    ダッシュボードのサイズの指定方法 218
  6.1.2 フィルターを他のシートに適用 218
  6.1.3 オブジェクトの利用 219
    シートやオブジェクトの配置方法 220
    水平方向と垂直方向のオブジェクト 221
    [テキスト] オブジェクト、[イメージ] オブジェクト、
    [空白] オブジェクト 222
    [Webページ] オブジェクト 223
    [ボタン] オブジェクト 224
  6.1.4 レイアウトの設定 225
  6.1.5 デバイス別のサイズ設定 226

6.2 アクションの活用 229
  6.2.1 フィルターアクション（1クリック） 229
  6.2.2 フィルターアクション（詳細設定） 231
  6.2.3 ハイライトアクション 233
    アクションによるハイライト 233
  6.2.4 URLアクション 234
  6.2.5 シートに移動 236

6.3 ストーリー 238
  6.3.1 ストーリーの作り方 238
  6.3.2 ストーリーの使い方 241

Chapter 7 ワークブックの共有とエクスポート 243

7.1 ワークブックの保存・ダウンロード・共有 244
  7.1.1 ワークブックの保存形式（.twbと.twbx） 244
    ワークブック（.twb） 245
    パッケージド ワークブック（.twbx） 245
  7.1.2 ファイルで保存 246
  7.1.3 パブリッシュして保存
    （Tableau DesktopからTableau Server・Tableau Onlineへ） 246
  7.1.4 Web上で保存（Tableau Server・Tableau Online） 248
  7.1.5 ファイルで保存
    （Tableau Server・Tableau Onlineからダウンロード） 248

7.1.6 ビューの共有 249

7.2 バージョン間の互換性 250
　7.2.1 バージョン互換性の考え方 250
　　Tableau DesktopおよびTableau Readerでの確認 250
　　Tableau Server・Tableau Onlineでの確認 251
　7.2.2 Tableau Desktopのワークブックを異なるバージョンの製品で共有 251
　7.2.3 Tableau DesktopよりTableau Server・Tableau Onlineが
　　　　 新しいバージョンの場合 252

7.3 データや画像のエクスポート 254
　7.3.1 元データのエクスポート 254
　　Tableau DesktopでCSV形式にエクスポート 255
　　Tableau Desktopでデータソース（.tds、.tdsx）形式にエクスポート … 255
　　Tableau Server・Tableau Onlineでデータソース（.tdsx）形式に
　　エクスポート 255
　7.3.2 表示データのコピーとエクスポート 256
　　Tableau DesktopおよびTableau Readerでのデータのコピー 256
　　Tableau Desktop・Tableau Readerで表示したデータを
　　AccessまたはCSVにエクスポート 257
　　Tableau Desktop・Tableau Readerで表示したデータを
　　Excelにエクスポート 257
　　Tableau Server・Tableau Onlineで表示したデータを
　　CSVにエクスポート 258
　7.3.3 画像のコピーとエクスポート 259
　　Tableau DesktopおよびTableau Readerで画像としてコピー 259
　　Tableau DesktopおよびTableau Readerでシートを
　　画像としてエクスポート 259
　　Tableau DesktopおよびTableau Readerでダッシュボードを
　　画像としてエクスポート 260
　　Tableau DesktopおよびTableau Readerで
　　PDF・PowerPointにエクスポート 260
　　Tableau Server・Tableau Onlineで画像をエクスポート 260

8 Tableau Prep Builderによるデータ準備 261

8.1 インプットステップ（データ接続） 262
　8.1.1 データ接続 262
　　接続画面の詳細 263
　8.1.2 ユニオン（インプットステップ）の作成 264
　8.1.3 データインタープリターの利用 266

xi

8.2 クリーニング作業 269
8.2.1 [プロファイル] ペインと [データ] グリッド 269
[ステップの追加] 269
[プロファイル] ペインと [データ] グリッドの概要 269
8.2.2 [フィルター] 271
8.2.3 [グループ化] 272
8.2.4 [クリーニング] 273
8.2.5 [値の分割] 274
8.2.6 クリーニング作業の確認と変更 275

8.3 ユニオン 278
8.3.1 ユニオンの方法 278
8.3.2 一致していないフィールドをマージ 279

8.4 結合 282
8.4.1 結合の方法 282
[結合のタイプ] を変更 283
8.4.2 一致していない項目を共通化する 285

8.5 集計 287
8.5.1 集計の方法 287
8.5.2 日付レベルでさらに集計 288

8.6 ピボット 291
8.6.1 列から行へのピボット 291
フィールドを指定する場合 291
ワイルドカードで指定する場合 292
データの結合 293

8.7 出力とフローの保存 295
8.7.1 フローをファイルとして出力 295
フローの出力方法 297
8.7.2 Tableau Server・Tableau Onlineにパブリッシュ 298
8.7.3 Tableau Desktopでプレビュー 299
8.7.4 ファイルの保存とファイル形式（.tflと.tflx） 300

Chapter 9 最新データを表示させるための運用方法 301

9.1 Tableau Desktop とTableau Server・Tableau Online を組み合わせた運用 302
9.1.1 最新データを表示させるための仕組み 302
9.1.2 データの自動更新、最新データ表示のための手順 303
データソースを含めてワークブックをパブリッシュする場合 303

データソースとワークブックを別々にパブリッシュする場合 ……………… 306

9.1.3 Tableau Bridgeの利用 ……………………………………………… 309
Tableau Bridgeのインストールと起動 ……………………………… 310
パブリッシュ済みのデータソースに対して設定する場合 ………………… 311

9.2 Tableau Prep Builder とTableau Server・Tableau Online を組み合わせた運用 ……………………………………………………… 314
9.2.1 Tableau Prep Builderを使った運用の仕組み ……………………… 314
Tableau Prep Conductorでフローファイルをパブリッシュ …………… 315
9.2.2 パブリッシュするための手順 …………………………………………… 315
フローファイルをパブリッシュするための手順 ……………………… 315

10 その他のTableau利活用 …………………………………… 317

10.1 Tableau Public の利活用 …………………………………………… 318
10.1.1 Tableau Publicへの登録 …………………………………………… 318
10.1.2 パブリッシュ ………………………………………………………… 319
Tableau Publicにパブリッシュする際の注意点 …………………… 320
パブリッシュしたワークブックの設定 ……………………………… 321
10.1.3 共有 ……………………………………………………………………… 322
10.1.4 参考となるワークブックを検索 …………………………………… 322

10.2 データを変更して再利用 ……………………………………………… 323
10.2.1 データの接続先を変更 ………………………………………………… 323
Tableau Desktopでデータの接続先を変更 ………………………… 323
Tableau Server・Tableau Onlineでデータの接続先を変更 ……… 323
Tableau Prep Builderでデータの接続先を変更 …………………… 324
10.2.2 データソースの置換 …………………………………………………… 324
Tableau Desktopでデータソースを置換 …………………………… 325
Tableau Prep Builderでデータソースを置換 ……………………… 326

10.3 その他の情報 …………………………………………………………… 327
10.3.1 Tableau Trust ………………………………………………………… 327
10.3.2 Tableau Community ……………………………………………… 328
Forums …………………………………………………………………… 328
User Groups …………………………………………………………… 329
Ideas ……………………………………………………………………… 329
10.3.3 イベント ……………………………………………………………… 329
10.3.4 サポート体制 …………………………………………………………… 330

索引 …………………………………………………………………………………… 331

本書の使い方

本書の構成と対応製品について

　本書は、Tableauについての基本的な内容を理解し、基本操作が一通り身につくように構成されています。各章や各節の冒頭で説明する内容を紹介し、初学者でもわかりやすいように各ステップを丁寧に記載しています。また、本文の補足事項として、次の内容を掲載しています。

- **MEMO** 知っていると便利なポイントなどを紹介しています。

- **⚠** 注意すべきポイントなどを紹介しています。

- **COLUMN** 本文の内容からは外れますが、覚えておくと役に立つ内容を紹介しています。

　本書の対応製品は、「Tableau Desktop」「Tableau Server」「Tableau Online」「Tableau Prep Builder」です。各項目の見出し（X.X.Xの見出しレベル）で下表のアイコンを表示し、その項目の操作解説が製品に対応しているかどうか、判断できるようになっています。

製品	対応	非対応
Tableau Desktop	TD	TD
Tableau Server	TS	TS

製品	対応	非対応
Tableau Online	TO	TO
Tableau Prep Builder	TP	TP

　各ピル（シェルフにドロップしたフィールド）は、連続・不連続を下表のように色分けして表示している場合があります（連続・不連続については、→4.2.2をご覧ください）。

連続のフィールド	緑色で表示
不連続のフィールド	青色で表示

本書の執筆環境と本書をご利用いただく際の注意事項

　本書は次の環境で執筆、動作検証しています。なお、ディスプレイの解像度はご利用の環境によって異なるため、本書の画面ショットの様子とお客様がご利用の環境の様子が異なって見える場合がございます。あらかじめご了承ください。

xiv

・Windows 10 Pro
・Tableau Desktop 2019.2
・Tableau Online 2019.2

・Tableau Tableau Server 2019.2
・Tableau Prep Builder 2019.2

　Tableauは日々アップデートされる製品です。本書は本書執筆時点の内容に基づいているため、本書に記載した内容は、お客様が本書を利用される際には異なっている場合がございます。あらかじめご了承ください。

本書の画面ショット、キー操作について

　本書の画面ショットやキー操作は原則としてWindows、画面ショットの多くはTableau Desktopのものです。WindowsとMacでキー操作が異なる箇所については、Macについてもできるだけ言及するようにしておりますが、紙面の都合上、割愛している部分もございます。Macをご利用のお客様は下表を参考に必要に応じて読み替えてください。

Windows	[Ctrl] キーを押しながらクリック	Mac	[Command] キーを押しながらクリック
Windows	右クリックしながらドラッグ／ドロップ	Mac	[Control] キーを押しながらドラッグ／ドロップ

本書で使用するデータについて

　本書では、主に以下に述べる「サンプル - スーパーストア.xls」と「付属データ」のデータを使って操作解説を行っています。データを特に指定せずに説明している場合もございます。
　なお、本書の手順に沿って作成した図や表を収録したデータは提供しておりません。

■ サンプル - スーパーストア.xls

　本書では、作図や作表する際、多くの章でTableau Desktopのインストール時に含まれるExcelファイル「サンプル - スーパーストア.xls」という小売店の「注文」のデータを使っています。「サンプル - スーパーストア.xls」への接続方法については、➲2.1.1や➲3.1.1をご覧ください。
　なお、本書執筆時点でTableau Desktopに同梱されている「注文」のデータは、「オーダー日」が2015年から2018年の4年間になっています。ご利用のバージョンによってはこの期間が2014年から2017年などとなっていて、本書のものとは異なります。しかし、日付が違うだけでデータの値は同じです。ご利用環境の「注文」のデータの期間が異なる場合は、「何年目のデータなのか」に注目して適宜読み替えてください。

■ 付属データ

　Chapter3、Chapter4、Chapter8では本書の「付属データ」を使用して説明している箇所があります。「付属データ」は翔泳社のWebサイトからダウンロードしてご利用いただけます。ダウンロード方法については、後述する「付属データのご案内」をご覧ください。

付属データのご案内

　Chapter3、Chapter4、Chapter8で使用する本書の「付属データ」は、以下のWebサイトからダウンロードできます。

　　https://www.shoeisha.co.jp/book/download/9784798159744

※付属データのファイルは.zipで圧縮しています。ご利用の際は、必ずご利用のマシンの任意の場所に解凍してください。

会員特典データのご案内

　本書では、紙面の都合上、書籍本体の中では紹介しきれなかった内容を追加コンテンツとしてPDF形式で提供しています。会員特典データは、以下のWebサイトからダウンロードできます。

■ 入手方法

❶以下のWebサイトにアクセスしてください。

　　https://www.shoeisha.co.jp/book/present/9784798159744

❷画面に従って、必要事項を入力してください。無料の会員登録が必要です。
❸表示されるリンクをクリックし、ダウンロードしてください。

◆注意

※会員特典データのダウンロードには、SHOEISHA iD（翔泳社が運営する無料の会員制度）への会員登録が必要です。詳しくは、Webサイトをご覧ください。
※付属データおよび会員特典データ（以下、ダウンロード特典）に関する権利は著者および株式会社翔泳社が所有しています。許可なく配布したり、Webサイトに転載したりすることはできません。
※ダウンロード特典の提供は予告なく終了することがあります。あらかじめご了承ください。

◆免責事項

※ダウンロード特典の記載内容は、本書執筆時点の内容に基づいています。
※ダウンロード特典の提供にあたっては正確な記述につとめましたが、著者や出版社などのいずれも、その内容に対してなんらかの保証をするものではなく、内容やサンプルに基づくいかなる運用結果に関してもいっさいの責任を負いません。

Tableauの概要

本章では、Tableauのすべての製品・サービスの概要とライセンスの体系を紹介します。Tableauを使うには、基本的にTableau Desktopと、Tableau ServerまたはTableau Onlineが必要です。さらに、必要に応じてTableau Prep Builderを使います。すべての製品・サービスで2週間、トライアルとして無償で有償版と同じ機能を使えるほか、無償で使える製品もあります。

製品を理解するにあたって、本章では、Tableau DesktopとTableau Prep Builderの画面の名称も記載します。

Tableauの製品体系

ここでは、Tableauの製品・サービスを、1つずつ整理していきます。製品として必須なのはTableau Desktopです。データやワークブックを共有するためにはTableau ServerまたはTableau Onlineを利用します。Tableau Server・Tableau OnlineにはWebブラウザからアクセスしますが、モバイル端末からアクセスする場合は、専用アプリであるTableau Mobileを使うのが便利です。別の共有サービスであるTableau Publicでは、無償で作品を世界中に公開できます。Tableau Desktopでデータを取り込む前段階として、Tableau Prep Builderを利用してデータの準備をすることもできます。

1.1.1 Tableau Desktopの概要

　Tableau Desktopはデータに接続し、図表やダッシュボードを作成するために用いる製品です。Tableauを使用する組織では、必ず1名は使う必要があります。パソコンにインストールする製品なので、オフラインでも利用可能です。

　自由自在なビジュアル分析と、目的に合わせた柔軟なダッシュボードの作成が可能という特徴があります。後述するTableau Server・Tableau Onlineに比べて分析機能が豊富なため、パワーユーザーには必須の製品です。手元のパソコンの中で動くので、ひとつひとつの処理が速い場合が多い、という特徴もあります。接続できるデータの種類が多く、複数のデータを組み合わせたり、接続方法をコントロールしたり、といったことが容易にできます。

図1.1.1　Tableau Desktopのデスクトップアイコン

■ Tableau Desktopとパブリッシュ機能

　Tableau Desktopで作成したファイルはTableau Server・Tableau OnlineとTableau Publicにパブリッシュ（≒アップロード）して共有できます。Tableau Server・Tableau Onlineでは、抽出データの自動更新ができたり、保存したデータベースの認証資格情報を利用できるので

誰でもすぐに参照できます。

　用意したデータソースをパブリッシュすることもできるため、Tableau Desktopはデータを管理する担当者にも必須の製品です。

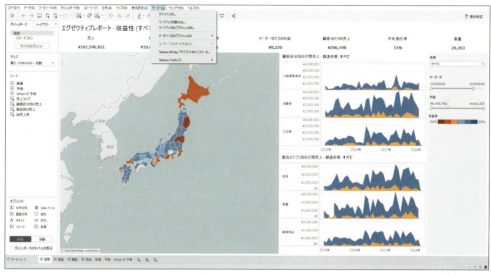

図1.1.2　Tableau Desktopの操作画面

COLUMN

Tableau Desktop Public Editionは無償で利用できる製品です。通常のTableau Desktopと比べてビジュアル化する機能に差はありませんが、ファイルを保存することができません。作成したワークブックはTableau Publicにパブリッシュすることになります。また、Tableau Desktop Public Editionから接続できるデータは、Excelやテキストファイルなどのファイルベースのデータと、Googleスプレッドシート、OData（Open Data Protocol）、Webデータコネクタに限られます。

Tableau Desktop Public Editionのメニューバーから［ファイル］>［Tableau Publicから開く］を選択すると、Tableau Publicにパブリッシュしたワークブックに接続して編集を続けることもできます。

Tableau Desktop Public Editionの
「接続」画面

Tableau Desktop Public EditionはTableau Publicのトップ画面中央からダウンロードできる

1.1.2 Tableau Prep Builder

　Tableau Prep Builderは、データ準備のための製品です。Tableau Desktopで接続する前に、データの加工が必要な場合に利用します。パソコンにインストールする製品なので、オフラインでも利用可能です。

　Tableau Prep Builderで項目名を修正したり、複数のデータを利用する場合には縦横どちらの方向に組み合わせるのかといったデータの整形を行ったりします。ひとつひとつの機能を見ると、Tableau Desktopでも実現可能なことがあります。しかしTableau Prep Builderではそれらの機能を組み合わせることができたり、データの中身を見ながら加工できたり、後から変更の工程を確認・修正できたり、その工程を繰り返し利用できたりすることに大きな価値があります。

図1.1.3　Tableau Prep Builderのデスクトップアイコン

　Tableau Prep Builderで加工してデータ準備が完了した出力ファイルは、パソコンに保存できるほか、Tableau Server・Tableau Onlineにパブリッシュして共有できます。

　定期的なデータの読み込みと出力ファイルの生成は、フローファイル（Tableau Prep Builderで作成したファイルのこと）ごとTableau Server・Tableau Onlineにパブリッシュして実行スケジュールを設定するか（別途アドインが必要）、スクリプトを作成してTableau Prep BuilderのあるPC上で定期実行させる、といった使い方をします。

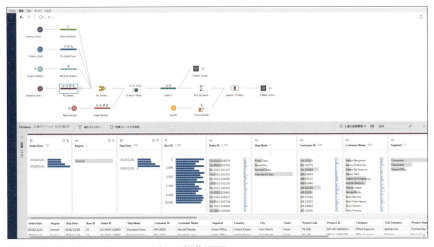

図1.1.4　Tableau Prep Builderの操作画面

004

1.1.3 Tableau ServerとTableau Online

Tableau ServerとTableau Onlineは、ビューやダッシュボードを含むワークブック、データソース、フローなどを共有・管理する、「Tableauの基盤」となります。

組織で利用しやすい便利な機能が含まれていることが特徴で、抽出データを自動更新したり、ダッシュボード画面をメールで定時送信したり、しきい値に応じてメールでアラートを配信したり、ダッシュボードでコメントし合ってディスカッションしたり、権限設定を行ったりといったことができます。Tableau Desktopと同じようなビジュアル分析も行えます。ユーザーは、Tableau Server・Tableau OnlineにWebブラウザからアクセスします。

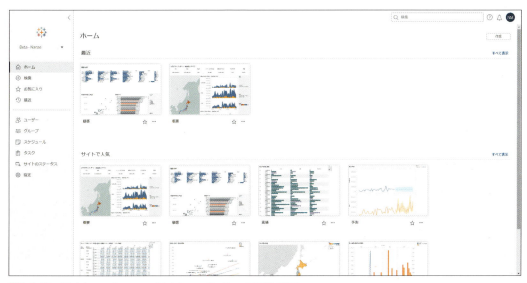

図1.1.5　Tableau Server・Tableau Onlineの操作画面

■ Tableau ServerとTableau Onlineの違い

Tableau Serverは、ユーザー自身がサーバーなどの環境を用意し、インストールから管理までをユーザー自身が行います。クラウド環境にインストールすることもできます。セキュリティに慎重な企業が選択することが多い製品です。

Tableau Onlineは、Tableau ServerのSaaS版（クラウドサービス）です。ユーザーがインストールやアップデート、保守・運用・監視等を行う必要はありません。クラウドサービスという特性上、Tableau OnlineはTableau Serverと比べてデータの接続方法には制約がありますが、ほとんど同じ機能を有し、簡単に始めることができます。

1.1.4 Tableau Reader

　Tableau Readerは、無償でダウンロード・利用可能な、ワークブックの参照に特化した製品です。Tableau Desktopで作成したファイルや、Tableau Server・Tableau Onlineからダウンロードしたファイルを開くことができます。対象ファイルは、抽出データを包含したパッケージドワークブック（◉7.1.1参照）です。

図1.1.6　Tableau Readerのデスクトップアイコン

　用意されたフィルターやハイライトなどを操作できます。ユーザーは、シートをフィルターとして使用するフィルターアクションを設定することもできます。

　Tableau Readerではデータの更新ができないので、Tableau Readerのユーザーにワークブックを共有する前に、更新された抽出データを含むパッケージドワークブックを作成・共有する作業が必要です。常にデータを含むファイルを共有することになるので、セキュリティとデータ量に注意して扱う必要があります。

　また、Tableau Readerのバージョンより新しいバージョンで作成されたワークブックは開けないため、Tableau Readerをインストールしているすべてのユーザーが定期的にバージョンアップする必要があります。

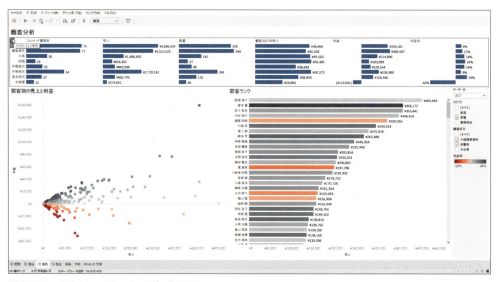

図1.1.7　Tableau Readerの操作画面

1.1.5 Tableau Mobile

　Tableau Mobileは、Tableau Server・Tableau Onlineにモバイル端末からアクセスするときに利用するアプリです。スマートフォンやタブレットにインストールして使用します。App StoreからiOS用のアプリを、Google PlayからAndroid用のアプリをダウンロード可能です。

　モバイルからのアクセス時に使いやすいように工夫されています。お気に入りに登録しているビューはすぐにプレビューされ、オフラインでも利用できるように設計されています。

図1.1.8　Tableau Mobileのアイコン

1.1.6 Tableau Public

　Tableau Publicは、無償で利用可能な、ワークブックを公開するWebサービスです。内部ではTableau Serverが動いています。使い方の詳細は➡10.1を参照してください。

　Tableau PublicにはSNSとしての側面があります。ユーザーはTableau Public用のアカウントを作成して、自分のページにワークブックをパブリッシュします。参考になるワークブックを多く公開しているユーザーをフォローすることもできます。

　全世界に公開されるので、ビジネスデータを利用するシーンには適しません。なお、Googleスプレッドシートに接続している場合のみ、24時間に1回の頻度でデータは更新されます。

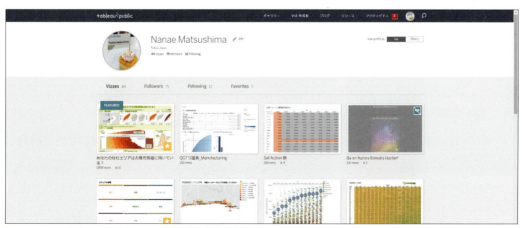

図1.1.9　Tableau Publicでは全世界に公開される

Tableauのライセンス体系

Tableauのライセンスは、製品ごとではなく役割ごとに3つに分かれています。パワフルな分析ユーザーとデータ整備にかかわるユーザーのためのTableau Creator、データの探索を自ら行いたいユーザーのためのTableau Explorer、ダッシュボードを参照・操作したいユーザーのためのTableau Viewerです。学生・教員と非営利団体には特別なプログラムが用意されています。

1.2.1 企業・個人向けの3つのライセンス

Tableauのライセンスプログラムは、表1.2.1に示す3つの種類があります。

表1.2.1　Tableauの3つのライセンスプログラム

	Tableau Creator	Tableau Explorer	Tableau Viewer
金額	102,000円 (1ユーザーあたり年間)	51,000円 (Online) 60,000円 (Server) (1ユーザーあたり年間)	18,000円 (Online) 22,000円 (Server) (1ユーザーあたり年間)
Tableau Prep Builder	○		
Tableau Desktop	○		
Tableau Server・Tableau Online	○	○	○
最低購入ユーザー数	1 (最低1ユーザー分必須)	5	100

　Tableau Creatorでは、すべての製品・サービスのすべての機能が使えます。レポートを作り込んだり、データにアクセスして頻繁にビジュアル分析を行ったり、集計を行ったりするのなら、機能が豊富で操作性の良いTableau Desktopが不可欠です。データ準備を行うなら、Tableau Prep Builderで加工したり、Tableau Desktopからデータソースをパブリッシュしたりすることになるでしょう。Tableau Server・Tableau Online上でデータソースに接続できるのは、Tableau Creatorのみです。

　Tableau Explorerでは、Tableau CreatorがTableau Server・Tableau Online上に用意したデータを使って、ワークブックを作成できます。データに直接接続できないこと、フローファイルの作成・変更ができないことや、Tableau Serverの管理権限がないことを除き、Tableau

Server・Tableau Onlineの大部分の機能が使えます。

Tableau Viewerでは、参照やフィルターなどの操作ができます。PDFやPowerPoint形式のファイル、各種画像ファイル、クロス集計したデータなどをダウンロードすることもできます。また、ユーザー独自のフィルター条件をデフォルトに設定できるカスタムビューの作成と適用、メールの定期配信、コメントの記入など、参照者に必要な一通りの機能が揃っています。

■ 導入例と運用方法

3種類のライセンスプログラムの導入割合は、企業によって様々です。たとえば、単発的なアドホック分析で知見を得て、数字を知りたい経営企画部では数名のメンバーにTableau Creatorを、その他のメンバーにはTableau Explorerを導入することが考えられます。また、作られたダッシュボードを見れば十分という営業部では、1名だけにTableau Creatorを導入し、その他のメンバー全員にはTableau Viewerとする、といった導入パターンが考えられます。

将来的に、Tableau Viewerでは物足りなくなったユーザーがTableau Explorerに移行し、Tableau ExplorerのユーザーがTableau Creatorに移行するなど、徐々にライセンスプログラムを移行することも考慮して数量を検討すると良いでしょう。

☕ COLUMN

Tableau Server・Tableau Onlineには、Tableau Data Management Add-onというアドオンがあります。このアドオンには、Tableau Prep Conductorとデータのカタログ機能が含まれます。

Tableau Prep Conductorでは、Tableau Prep Builderで作成したフローファイルのパブリッシュと、フローのスケジュール実行や権限設定などを行うことが可能です。

カタログ機能には、データとコンテンツの関係を可視化でき、説明やタグによって多くのデータに関する情報を一元的に管理し、求めるデータをすぐに見つけ出せるといった機能が用意されています（データカタログ機能は、今後、リリース予定）。

1ユーザーあたり年間8,000円で、Tableau Server・Tableau Onlineのすべてのユーザー数分のライセンスが必要です。最低ライセンス数は100です。

1.2.2 学生・教員向けのライセンス

Tableauでは学生と教員向けに、アカデミックプログラムを用意しています。

学生向けプログラムであるTableau for Studentsでは、Tableau DesktopとTableau Prep Builderが無償で使えます。学生であれば、下記URLからアクセスして必要事項を入力し、学生証をアップロードすれば、ライセンスキーを得られます。TableauのWebページから登録できます。なお、ライセンスの更新は1年単位です。

・Tableau 学生向けプログラム
　https://www.tableau.com/ja-jp/academic/students

教育目的でTableauを使う教員向けプログラムであるTableau for Teachingでは、教員自身向け、教員の研究室向け、教員が教える授業の学生一括向けに、ライセンスが分かれています。いずれも、Tableau Desktop、Tableau Prep Builder、Tableau Onlineが無償で使えます。ライセンスの更新は、研究室向けは指定された期間、それ以外は1年単位です。

・Tableau 教育向けプログラム
　https://www.tableau.com/ja-jp/academic/teaching

1.2.3 非営利団体向けのライセンス

非営利団体向けに、Tableauソフトウエア寄贈プログラムが用意されています。対象はNPO、NGO、自治体ベースの慈善団体などで、年間予算500万ドル以下の団体です。Tableau Desktopが最大で5ライセンス、無償提供されます。

日本NPOセンターが運営するTechSoup Japanを通じて申請する必要があり、TechSoup Japanに対して手数料6,667円がかかります。ライセンスの更新は2年単位です。公開可能なビューは、Tableau Publicを利用して広めていくことができます。

・TechSoup Japan
　https://www.techsoupjapan.org/

Tableau 画面の名称と用語

Tableau DesktopやTableau Prep Builderでは、操作画面の要素に聞きなれない名称が使われているかもしれません。本書を読み進める上でわからない要素名が出てきたら、こちらで確認してください。

1.3.1 Tableau Desktopの操作画面

　Tableau Desktopを開くと、操作画面は、[データソース] ページと [シート] タブに分かれています。Tableau Desktopで作成したファイルを、ワークブックと呼びます。

■ [データソース] ページ

　[データソース] ページでは、元のデータソースへの接続方法を指定し、データのプレビューを確認、複数のデータを組み合わせるなどデータに変更を加えることができます。

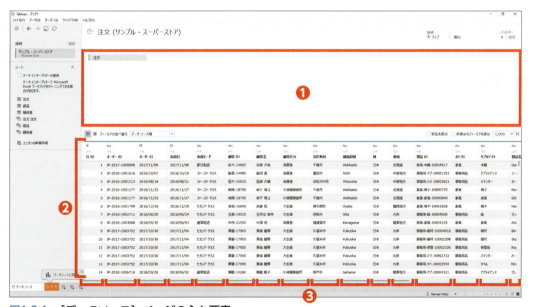

図1.3.1　[データソース] ページの主な要素

011

❶ **キャンバス**

データソースの読み取り方の設定を行えます。また、複数のファイル、シート、テーブルなどをドロップすると、縦や横の方向でデータを組み合わせられます。

❷ **データグリッド**

データを表示します。デフォルトでは、上から1000行を表示します。

❸ **フィールド、カラム**

データソースの各列を指します。計算式を使ってユーザーが作成したフィールドは、計算フィールドと呼びます。

■ ［シート］タブ

［シート］タブは、図表を作成するスペースです。上部のメニューバーやツールバー、サイドバー、カードとシェルフなどで構成されます。

図1.3.2 ［シート］タブの主な要素

❶ **シェルフ**

フィールドをドロップできる領域です。ドロップしようとすると、オレンジの枠線で囲われます。

❷ **カード**

フィールドをドロップできる領域で、［色］、［サイズ］など複数のシェルフの集まりです。行や列に複数のメジャーをドロップすると、それぞれのメジャー向けにカードが複数生成されます。

❸**ツールバー**

ワンクリックでビューを操作できるアイコンの集まりです。

❹**サイドバー（[データ] ペイン、[アナリティクス] ペイン）**

[データ] ペインと [アナリティクス] ペインから構成され、それぞれを切り替えることができます。[データ] ペインは図表を作成するときに、[アナリティクス] ペインはグラフに分析系の線や色をつけるときに使います。

❺**ビュー**

データを可視化し、図表を作成するスペースです。

❻**ステータスバー**

ビューで表現している図表や、データの情報を表示します。

❼**メジャー**

集計（合計、平均など）できる、数値のフィールドが含まれます。ビューにドロップすると、集計されます。たとえば、「人数」をドロップすると、合計の人数が表示されます。

❽**ディメンション**

集計することのない、日付、番号、区分、名前などが含まれます。ビューにドロップしたディメンションの切り口で、メジャーを集計します。たとえば、「クラス」というディメンションと「人数」というメジャーをビューにドロップしたとすると、A組、B組、C組で、合計の人数を切り分けます。

1.3.2 Tableau Prep Builderの操作画面

Tableau Prep Builderの画面は、1つのページのみで構成されます。ステップの違いによって、画面下部の表示や設定項目は変化します。

Tableau Prep Builderで作成したファイルを、フローファイルと呼びます。

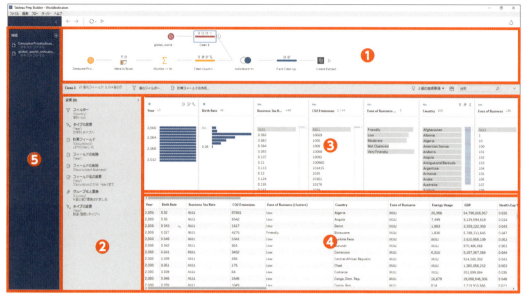

図1.3.3　Tableau Prep Builderの操作画面と主な要素の名称

❶ ［フロー］ペイン

データ準備の各処理をステップとして、フローを構築し、視覚的に表すスペースです。

❷ 変更内容ペイン

選択しているステップで行った変更内容がリスト表示されます。ステップによっては、［変更］ペイン、ユニオンステップなら［ユニオン］ペイン、結合ステップなら［結合］ペインなど、呼び名は随時変化します。

❸ ［プロファイル］ペイン

フィールドごとにデータの中身を確認できます。ここで、様々なクリーニング操作も行えます。

❹ データグリッド

選択しているステップにおけるデータを確認できます。表示されない場合は、［プロファイル］ペイン右上の［プロファイルペインの表示/非表示］のアイコンをクリックしてください。

❺ ［接続］ペイン

接続しているファイルまたはデータベースが表示されます。フローにドラッグすると、インプットのステップになります。

チャートの作成

　Tableauは、ビジュアルを活用した表現でデータの分析や集計を行い、様々なグラフ、地図、集計表を作り上げます。
　本章では一般的によく使うビジュアル表現を紹介します。自由に表現や見方を変えられるようになると、レポート作成の効率が上がり、分析場面では多くのインサイトを素早く得やすくなるでしょう。

チャートタイプの一覧

第2章で取り上げるチャートタイプの名称と表現を一覧で示します。本節で挙げる名称は、Tableauで使われる呼び方です。目次代わりにお使いください。

2.1.1 基本チャート

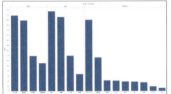
➡ 2.2.1　棒グラフ

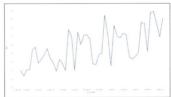
➡ 2.2.2　折れ線グラフ

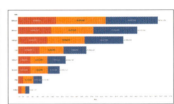
➡ 2.2.3　積み上げ棒グラフ
　　　　　（帯グラフ）

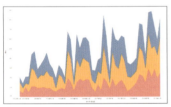
➡ 2.2.4　積み上げ面グラフ

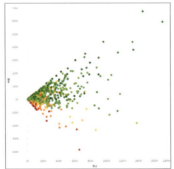
➡ 2.2.5　散布図

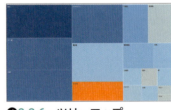
➡ 2.2.6　ツリーマップ

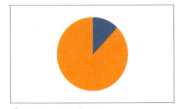
➡ 2.2.7　円グラフ

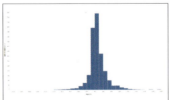
➡ 2.2.8　ヒストグラム

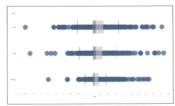
➡ 2.2.9　箱ヒゲ図

2.1.2 基本チャートの組み合わせ

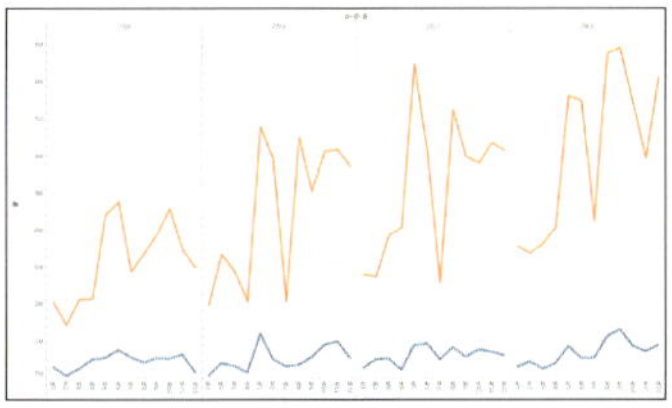

➲2.3.1　1つの軸で複数メジャーを扱う表現

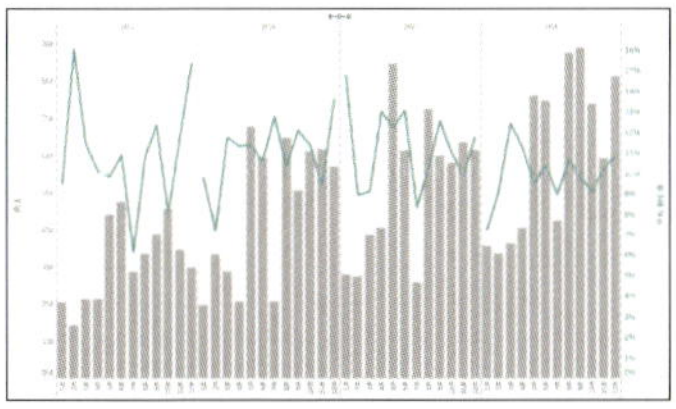

➲2.3.2　複合グラフ（二重軸で複数メジャーを扱う表現）

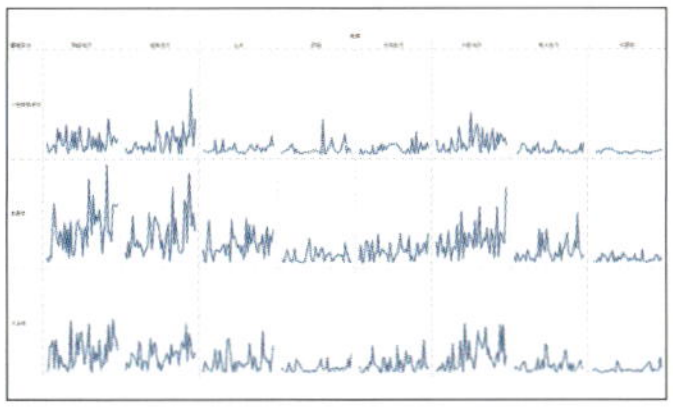

➲2.3.4　スモールマルチプル

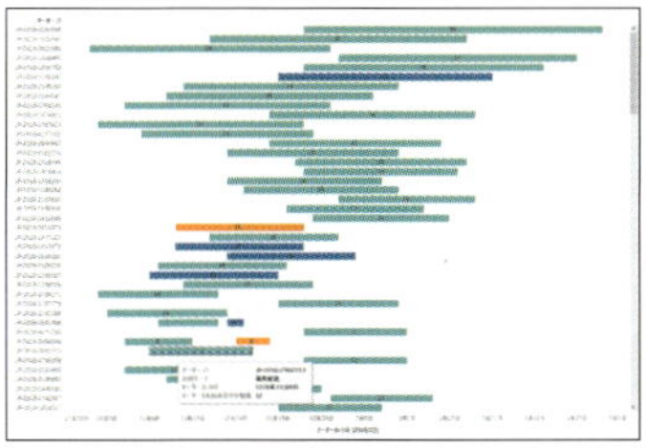

➲2.3.5　ガントチャート

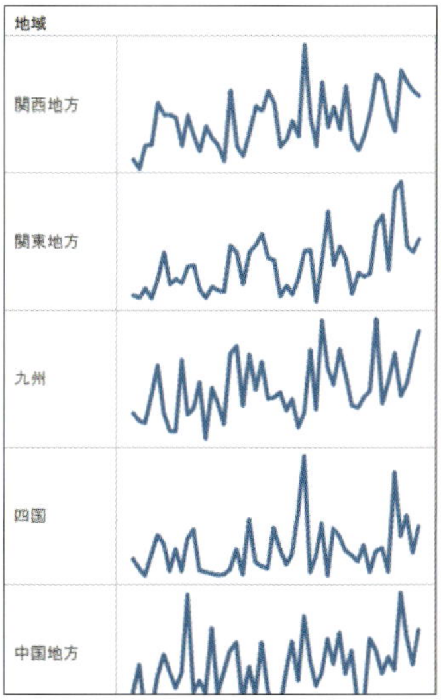

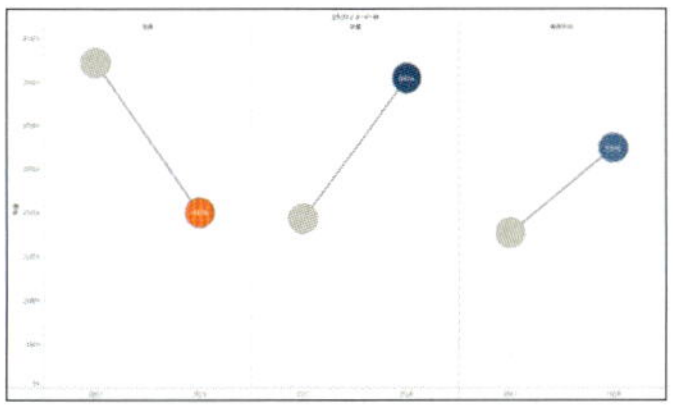

➲2.3.3　スパークライン

➲2.3.6　スロープグラフ

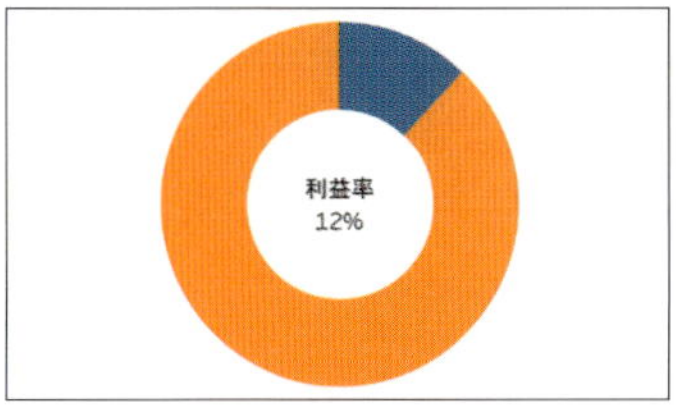

➲2.3.7　ドーナツチャート

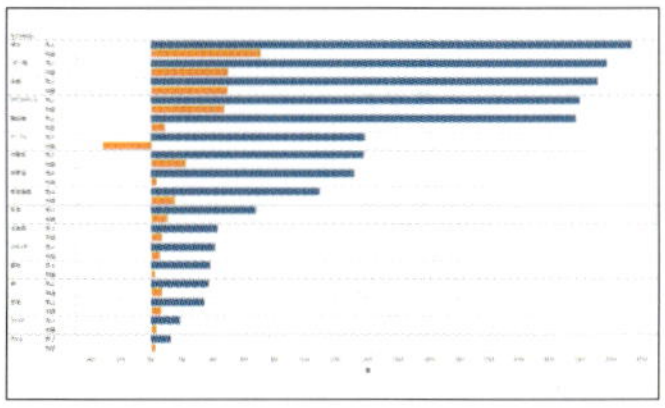

➲2.3.8　並列棒グラフ

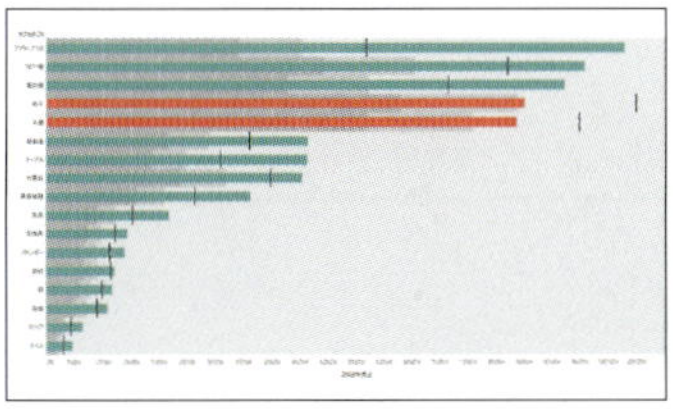

➲2.3.9　ブレットチャート

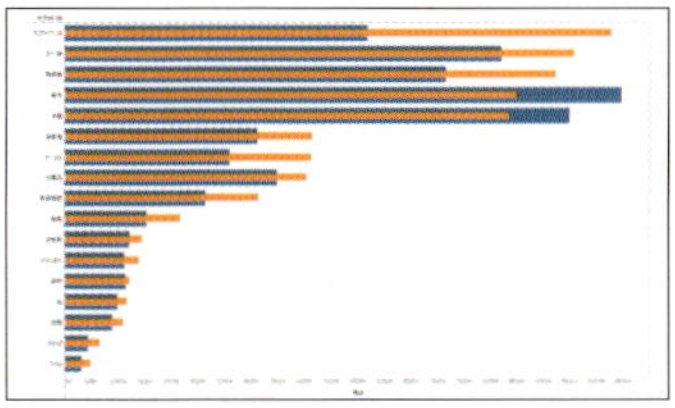

➲2.3.10　Bar in Barグラフ

017

2.1.3 表計算のチャート

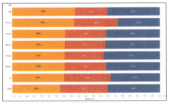
➡ 2.4.1　100%帯グラフ

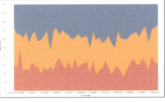
➡ 2.4.2　100%積み上げ面グラフ

➡ 2.4.3　滝グラフ（ウォーターフォールチャート）

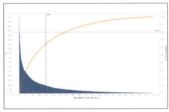
➡ 2.4.4　パレート図

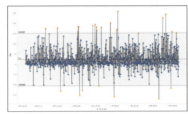
➡ 2.4.5　管理図

2.1.4 日付型データを利用した表計算のチャート

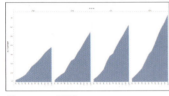
➡ 2.5.1　累計

➡ 2.5.2　差

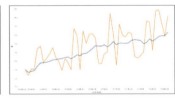
➡ 2.5.3　移動平均

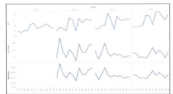
➡ 2.5.4　前年比成長率と前年比

➡ 2.5.5　バンプチャート（順位変動グラフ）

018

2.1.5 地図

➡ 2.6.1　シンプルなマップ

➡ 2.6.2　比例シンボルマップ（円と色で表現するマップ）

➡ 2.6.3　色塗りマップ

➡ 2.6.4　密度マップ

➡ 2.6.5　二重軸マップ（レイヤーマップ）

2.1.6 集計表

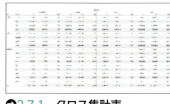
➡ 2.7.1　クロス集計表（テキストテーブル）

➡ 2.7.2　ハイライト表

➡ 2.7.3　ヒートマップ

基本チャート

本節では基本的な9つのチャートの作成手順を示します。シンプルなチャートほどわかりやすいことが多いので、ここで扱うグラフを作る機会は多いはずです。より難易度の高いチャートの多くは、これらの基本チャートがベースとなっています。ここでは各チャートを使う目的も理解しましょう。

2.2.1 棒グラフ＋初めてのグラフ作成

　すべてのチャートの中で、最も利用頻度が高い棒グラフを作ってみましょう。棒グラフは、複数並べて項目間の大小を比較するのに適しています。

　Tableauは直感的に使えるよう、同じ完成形を複数の方法で作れるようになっています。ここでは、シンプルな棒グラフの作成手順を紹介します。カテゴリごとの売上を表します。

■「サンプル – スーパーストア.xls」への接続

　では早速、本節で使うデータに接続します。Tableau Desktopのインストール時に含まれるExcelファイル「サンプル – スーパーストア.xls」という小売店の［注文］のデータを使います。なお、データ接続については◯3.1で詳しく説明しています。そちらもご覧ください。

本書執筆時点でTableau Desktopに同梱されている「注文」のデータは、「オーダー日」が2015年から2018年の4年間になっています。ご利用のバージョンによってはこの期間が2014年から2017年などとなっていて、本書のものとは異なります。しかし、日付が違うだけでデータの値は同じです。ご利用環境の「注文」のデータの期間が異なる場合は、「何年目のデータなのか」に注目して適宜読み替えてください。

① Tableau Desktopを起動し、スタートページから［ファイルへ］＞［Microsoft Excel］を選択します。

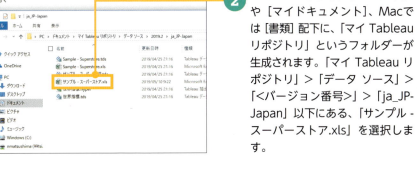

②Windowsでは［ドキュメント］や［マイドキュメント］、Macでは［書類］配下に、「マイ Tableau リポジトリ」というフォルダーが生成されます。「マイ Tableau リポジトリ」＞「データ ソース」＞「＜バージョン番号＞」＞「ja_JP-Japan」以下にある、「サンプル - スーパーストア.xls」を選択します。

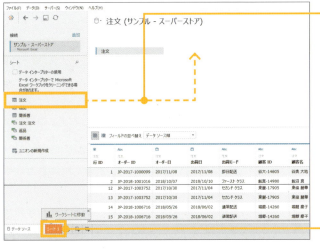

③画面左にある「注文」シートを、画面の中央上部にドロップします。

④画面下部にあるオレンジの「シート1」のタブに移動（クリック）します。

■ 作成方法1：ダブルクリックして作成

棒グラフを作る最も簡単な方法は、ダブルクリックすることです。

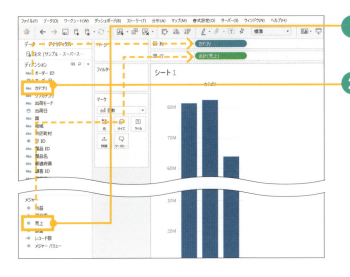

①［データ］ペインで、「売上」をダブルクリックします。「売上」は［行］に入ります。

②［データ］ペインで、「カテゴリ」をダブルクリックします。「カテゴリ」は［列］に入ります。

021

棒グラフの縦方向・横方向を変更したい場合、ツールバーにある[行と列の交換]ボタン をクリックすると、行と列が入れ替わり、棒グラフの描画方向が変わります。また、棒グラフは降順で並んでいると大小比較がしやすく、ランキングが同時にわかります。並べ替えは、ツールバーの降順で並べ替えるボタン で行えます。

[シート]タブを開くと、画面右にツールバー[表示形式]が開いているかもしれません。[表示形式]の機能を使わない場合は、クリックして閉じてください。

■ 作成方法2：[表示形式]を使って作成

作成したいシンプルなチャートが決まっている場合は、[表示形式]機能を利用すると便利です。

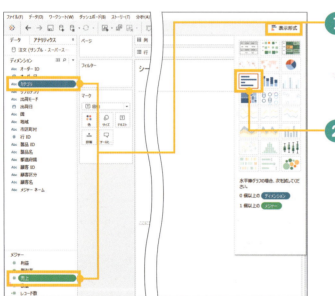

① [データ]ペインで、「売上」と「カテゴリ」を選択します。複数のフィールドを選択するには、Windowsは[ctrl]キーを、Macは[Command]キーを押しながらクリックしていきます。

② ツールバーの[表示形式]が非表示になっている場合は選択して開き、目的の棒グラフのアイコンをクリックします。ここでは、水平棒グラフ（横方向の棒グラフ）を選択しています。

■ 作成方法3：ドロップして作成

ドロップして、グラフに1つずつフィールドを加えていく方法です。複雑なチャートはこの方法で作り上げる必要があるので、この方法に慣れることをおすすめします。次節以降はすべて、このドロップする方法で説明します。

① [データ]ペインから「売上」を[行]にドロップします。

② [データ]ペインから「カテゴリ」を[列]にドロップします。

行と列に入れるフィールドを逆にすれば、横方向の棒グラフになります。
　さて、「売上」を方法1ではダブルクリックすると、方法3では［行］にドロップすると、「売上」が合計されました。このように、メジャーのフィールドは必ず何らかの集計（合計、平均、最大値など）が行われます。ほとんどのフィールドはデフォルトで合計されます。
　デフォルト以外の集計をするには、3つの方法が用意されています。ここでは、「売上」の集計方法を変更してみましょう。

■ 集計の変更方法1：シェルフに入れたフィールドの集計方法を変更

　ドロップしてシェルフ（［行］、［列］、［サイズ］など）に入れた後、集計方法を変更できます。

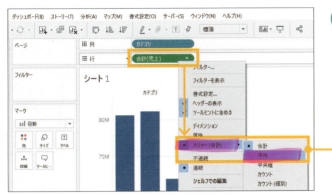

❶ ［行］にある「売上」を右クリック ＞ ［メジャー（合計）］から他の集計タイプをクリックします。

■ 集計の変更方法2：デフォルトの集計方法を変更（ TD のみ）

　フィールドごとに、デフォルトの集計方法を変更する方法です。たとえば、デフォルトを「平均」に変更すれば、そのフィールドをドロップすると、最初から平均で集計されます。「割引率」など比率を表すようなフィールドは、利便性に加えてミスを防ぐためにも、デフォルトで「平均」に変更しておくと良いでしょう。これは、Tableau Desktopでできる機能です。

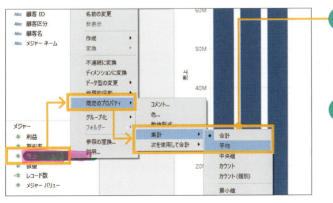

❶ ［データ］ペインの「売上」を右クリック ＞ ［既定のプロパティ］ ＞ ［集計］から他の集計タイプを指定します。ここでは［平均］に変更しています。

❷ 集計タイプを変更したら、あらためて「売上」を［行］にドロップして使います。すでに［行］に入れた「合計（売上）」の上に重ねると「平均（売上）」に入れ替わり、棒グラフも変更されます。

■ 集計の変更方法3：集計方法を指定してドロップ

シェルフにドラッグするときに、集計方法を指定する方法です。

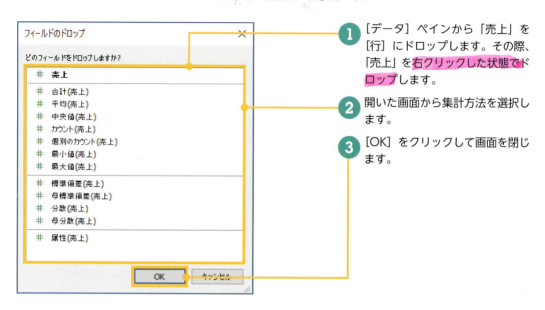

1. ［データ］ペインから「売上」を［行］にドロップします。その際、「売上」を<mark>右クリックした状態でドロップ</mark>します。
2. 開いた画面から集計方法を選択します。
3. ［OK］をクリックして画面を閉じます。

2.2.2 折れ線グラフ

棒グラフに次いで利用機会が多いのが折れ線グラフ（Tableauでは線グラフとも呼びます）です。折れ線グラフは、値の増減を表すのに長けているため、時系列の変化を表現する場面で主に使います。ここではオーダーを受けた日のフィールドを使って、売上推移を表します。

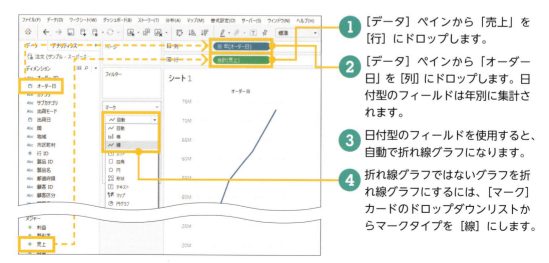

1. ［データ］ペインから「売上」を［行］にドロップします。
2. ［データ］ペインから「オーダー日」を［列］にドロップします。日付型のフィールドは年別に集計されます。
3. 日付型のフィールドを使用すると、自動で折れ線グラフになります。
4. 折れ線グラフではないグラフを折れ線グラフにするには、［マーク］カードのドロップダウンリストからマークタイプを［線］にします。

次に、オーダー日の月レベルで売上推移を表してみましょう。3通りの月レベルで表現します。

■ パターン1：日付の階層を使って年・月の推移を表す

日付型のフィールドは、自動的に階層構造をもちます。そのため、日付型のフィールドをクリックするだけで、年 > 四半期 > 月 > 日とドリルダウンすることができます。

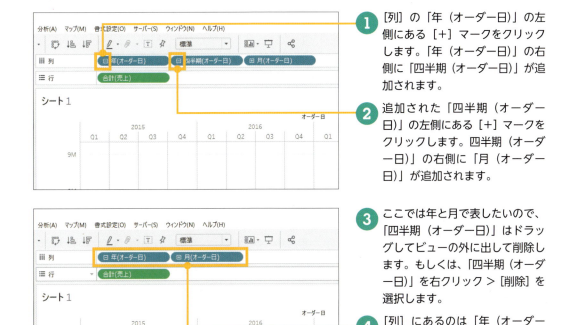

① [列]の「年（オーダー日）」の左側にある[+]マークをクリックします。「年（オーダー日）」の右側に「四半期（オーダー日）」が追加されます。

② 追加された「四半期（オーダー日）」の左側にある[+]マークをクリックします。四半期（オーダー日）」の右側に「月（オーダー日）」が追加されます。

③ ここでは年と月で表したいので、「四半期（オーダー日）」はドラッグしてビューの外に出して削除します。もしくは、「四半期（オーダー日）」を右クリック > [削除]を選択します。

④ [列]にあるのは「年（オーダー日）」と「月（オーダー日）」だけになりました。

ここで、[列]に入っている「オーダー日」の状態を確認してみましょう。

「月（オーダー日）」を右クリックしてコンテキストメニューを開くと、上側の[月]と[不連続]が選択されており、不連続日付レベルであることがわかります。また、青色のピルは不連続を表します。ピルとは、シェルフにドロップしたフィールドのことです。

025

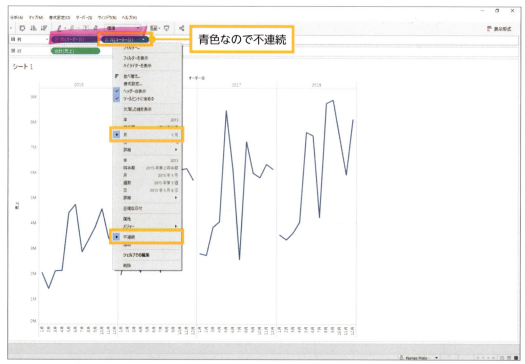

図2.2.1　年ごと・月ごとに集計して表示

　コンテキストメニュー右側の例で示されている通り、不連続日付レベルは日付の一部分で切り分けています。たとえば、2019年1月5日の不連続日付レベルは、年は2019、月は1、日は5となります。この例では［列］に不連続日付レベルの「年（オーダー日）」と「月（オーダー日）」が入っているため、年レベル（2015、2016、2017、2018）で分けてから、さらに月レベル（1月、2月、3月、……）で分けた売上を合計し、その結果を線で結んでいます。各年の間が線で分かれているのは、年で分けてから月で分けているためです。

■ パターン2：月別傾向を表す

すべての年を合算した月レベルの売上推移を表すことも可能です。どの月の売上が多いか少ないか、季節による傾向を知りたいときに使用します。

パターン1の設定で、[列]の「年（オーダー日）」をドラッグしてビューの外に出し、削除しましょう。[列]には、不連続日付レベルの「月（オーダー日）」だけが残り、すべての年で合計した、各月の売上を表した折れ線グラフが表示されます。

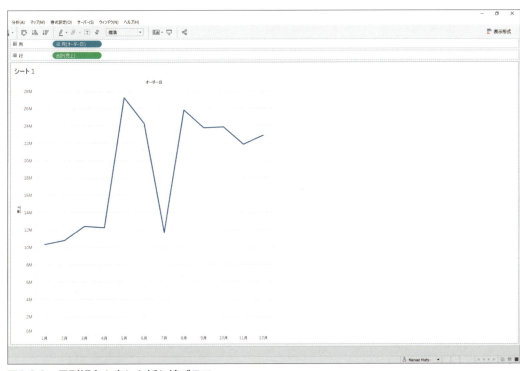

図2.2.2　月別傾向を表した折れ線グラフ

■ パターン3：連続的な年月の推移を表す

最初の月から最後の月まで連続的に1本の線で表現する方法です。

パターン2の設定で[列]の「月（オーダー日）」を右クリック > 下側の[月]を選択すると、連続日付フィールドになります。これですべての期間で1カ月ごとに連続した折れ線グラフを表示できます。

連続日付フィールドの考え方は、指定した日付レベルで日付を切り捨てる、というものです。たとえば、2019年10月5日は、年レベルなら2019年、月レベルなら2019年10月になります。[列]には、連続日付レベルの「月（オーダー日）」が入っているので、2015年1月、2015年2月と1カ月ごとにまとめて売上を合計した結果を、線で結んでいます。

027

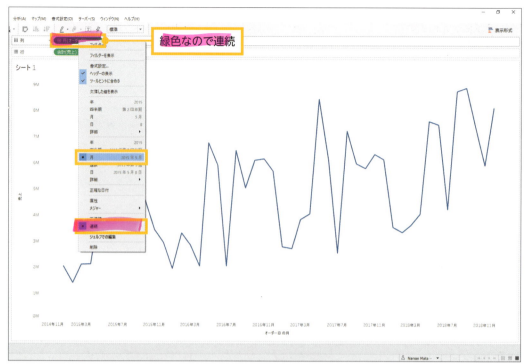

図2.2.3　最初の月から最後の月まで月ごとに集計した折れ線グラフ

2.2.3 積み上げ棒グラフ（帯グラフ）

　積み上げ棒グラフとは、棒グラフの中が複数項目に分かれて内訳が表現されている棒グラフです。カテゴリ項目の内訳を示して売上を表します。積み上げ棒グラフは、棒全体の値を出すのにコツがあります。

❶ ［データ］ペインから「売上」を［列］に、「地域」を［行］に、「カテゴリ」を［マーク］カードの［色］にドロップします。

❷ ツールバーの降順で並べ替えるボタン をクリックします。

❸ ツールバーのドロップダウンのリストを［標準］から［ビュー全体］にします。

④ [データ] ペインから「売上」を [マーク] カードの [ラベル] にドロップします。各項目の売上金額が表示されます。

⑤ 棒の先に、各地域の売上合計を出します。[アナリティクス] ペインの [リファレンスライン] を棒グラフ上にドラッグし、[セル] にドロップします。

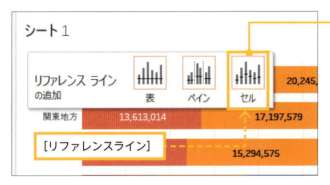

⑥ [ラベル] を [値] に、[書式設定] の [線] を [なし] にします。

⑦ [OK] をクリックして画面を閉じます。

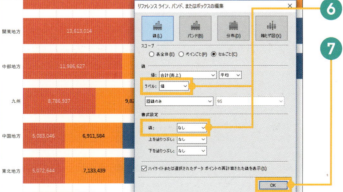

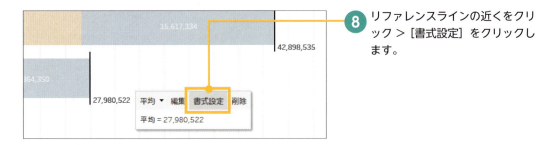

8 リファレンスラインの近くをクリック＞［書式設定］をクリックします。

9 ［リファレンスラインラベル］の［配置］の設定を、［水平方向］は［右］に、［垂直方向］は［中央］にします。

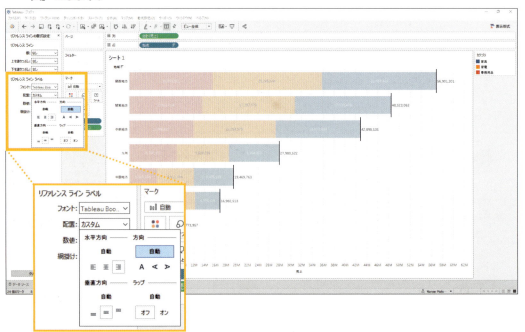

030

2.2.4 積み上げ面グラフ

　積み上げ面グラフは、色で塗りつぶされた折れ線グラフです。複数項目を積み上げて累計を表すときに用います。ここではカテゴリの項目ごとに貢献度合いを表しながら、売上の年月推移を示すグラフを作ります。

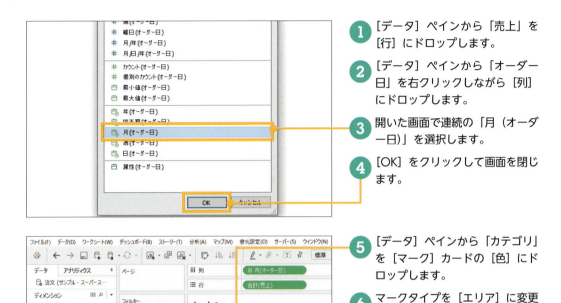

❶ [データ] ペインから「売上」を [行] にドロップします。

❷ [データ] ペインから「オーダー日」を右クリックしながら [列] にドロップします。

❸ 開いた画面で連続の「月（オーダー日）」を選択します。

❹ [OK] をクリックして画面を閉じます。

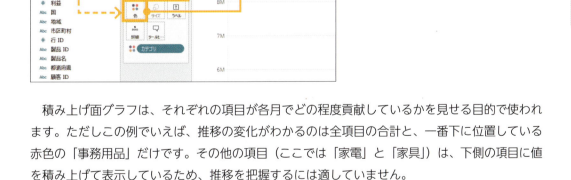

❺ [データ] ペインから「カテゴリ」を [マーク] カードの [色] にドロップします。

❻ マークタイプを [エリア] に変更します。

　積み上げ面グラフは、それぞれの項目が各月でどの程度貢献しているかを見せる目的で使われます。ただしこの例でいえば、推移の変化がわかるのは全項目の合計と、一番下に位置している赤色の「事務用品」だけです。その他の項目（ここでは「家電」と「家具」）は、下側の項目に値を積み上げて表示しているため、推移を把握するには適していません。

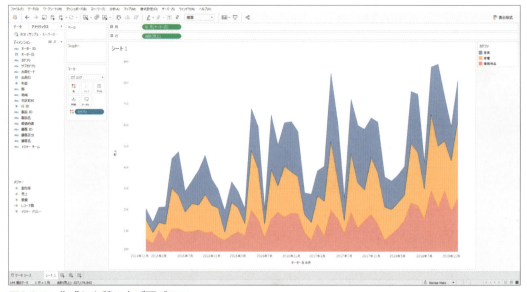

図2.2.4　作成した積み上げ面グラフ

2.2.5 散布図

　棒グラフと折れ線グラフに次いで効果的に使いやすいのが散布図です。棒グラフと折れ線グラフは1つのメジャーの傾向を把握するときに使いますが、散布図は2つのメジャーの関係性を把握したり、外れ値を見つけたりするときに使います。メジャーの値を組み合わせて見られるため、インサイトが得やすいチャートです。ここでは、売上と利益の関係を製品名ごとに表します。

① ［データ］ペインから「利益」を［行］に、「売上」を［列］にドロップします。ここで、点が1つだけ表示されます。この点は、データすべての売上の合計と、利益の合計を示しています。

連続のフィールドが行や列に入ると、軸になります。そのため、連続のフィールドが行と列の両方に入った場合は、自動的に散布図になります。

❷ [データ] ペインから [製品名] を [マーク] カードの [詳細] にドロップします。製品ごとに点が分かれます。

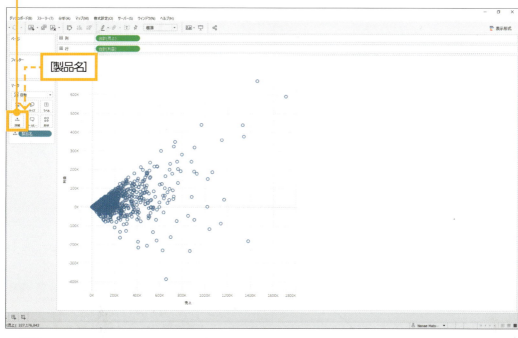

ここで [製品名] を [マーク] カードの [ラベル] にドロップすると、製品名も同時に表示されます。

ステータスバー（画面下部のグレー部分）の左側を参照すると、「1959個のマーク」と表示されており、1959種類の製品ごとにマークが分かれたことを確認できます。

散布図は次のアクションにつなげやすいビジュアル表現です。たとえば、売上も利益も優良な製品で [セット] を作成して次の分析に活用したり、集団から離れた外れ値を分析対象から除外したり、利益が低い製品の販売を中止する意思決定に活かしたりすることができます。

結果を表す目的変数を縦軸（[行]）、その原因を表す説明変数を横軸（[列]）に置きます。たとえば「売上が上がれば利益が上がるのか」を知りたいとします。この場合、利益は目的変数なので [行] に、売上は説明変数なので [列] になります。

033

■ さらにメジャーを加える

　前ページの❷までに作成した散布図に他のメジャーも加えたいときは、[マーク] カードの [色]、[サイズ]、[形状] を使用します。ただし、すべてを適用すると読み取れなくなるので、どれか1つに抑えるといいでしょう。特に [形状] は識別しづらいので、おすすめできません。

　ここでは、割引率の大きさで色分けしてみます。

❶ [データ] ペインから「割引率」の「平均」を [マーク] カードの [色] にドロップします。

> 集計の変更方法は ➡ 2.2.1 を参照してください。

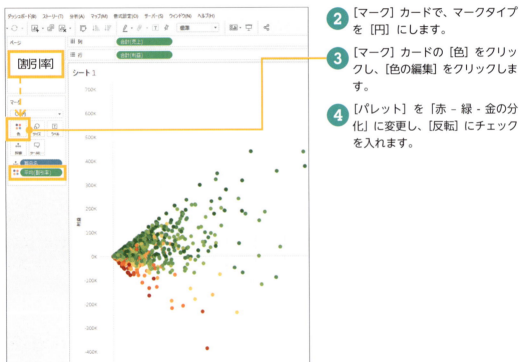

❷ [マーク] カードで、マークタイプを [円] にします。

❸ [マーク] カードの [色] をクリックし、[色の編集] をクリックします。

❹ [パレット] を「赤 − 緑 - 金の分化」に変更し、[反転] にチェックを入れます。

　利益が低い製品ほど赤いので、割引率が高い傾向にあることが読み取れます。

■ ディメンションを加える

　前ページの❷までに作成した散布図に他のディメンションも加えたいときは、[色] で表現するといいでしょう。ここではカテゴリ間で傾向に違いがあるかどうかを把握するために、製品名をカテゴリで色分けします。

① [データ] ペインから「カテゴリ」を [マーク] カードの [色] にドロップします。

② [マーク] カードで、マークタイプを [円] にします。

③ [アナリティクス] ペインから [傾向線] を [線形] にドロップします。カテゴリごとの傾向の違いがより明らかになりました。

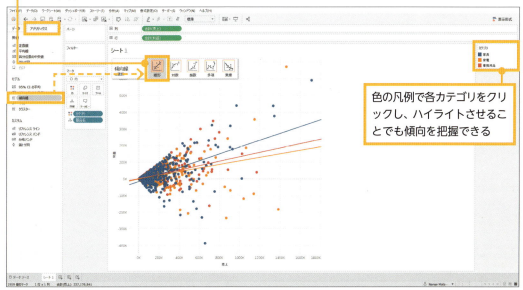

色の凡例で各カテゴリをクリックし、ハイライトさせることでも傾向を把握できる

2.2.6 ツリーマップ

ツリーマップとは、長方形の面積で大きさを表すビジュアル表現です。全体の中で大きい値の項目を大まかに、把握しやすく表現することが可能です。項目数が多いときは、値が小さい項目に存在感を与えず表示できるというメリットもあります。

ここでは、サブカテゴリごとの売上と利益を表示してみましょう。

① [データ] ペインから「売上」を [マーク] カードの [サイズ] にドロップします。マークタイプは自動で四角になります。

② [データ] ペインから「サブカテゴリ」を [マーク] カードの [ラベル] にドロップします。

③ [データ] ペインから「利益」を [マーク] カードの [色] にドロップします。

サブカテゴリの売上に応じて長方形の面積で表現されました。左上にある椅子の「売上」が最も大きいことがわかります。この例では同時に「利益」を [色] で表しているので、テーブルは売上は小さくないものの、利益が著しく悪いことが一目で読み取れます。

035

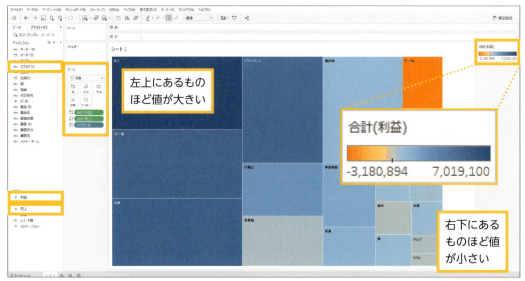

図2.2.5 製品ごとの売上の大きさと同時に、色で製品ごとの利益もわかる

人間は、左上から右下に視線が動きます。ツリーマップは値が大きい項目を左上に、小さい項目を右下に配置しますが、これは人間の特性に則って重要な項目から目に入るよう、配慮しているからです。値が小さい項目も表示はされますが、右下に小さくまとまり、スペースをとりません。

2.2.7 円グラフ

円グラフは、全体の割合を示すときに使います。項目数は、多くても5つに抑えましょう。

なお、Tableauのビジュアルベストプラクティスでは、円グラフは非推奨で、→2.4.1で扱う100%帯グラフや、棒グラフで表現することを推奨しています。人間は扇形を比較するのは得意ではなく、複数の円グラフが並んでいても比較が難しいことなどがその理由です。

ただし、90度、180度、270度に近い角度で分かれるときは瞬時にその割合が把握できるので、円グラフのほうが見やすいです。

■ ディメンションの項目で分ける

ここでは顧客区分ごとの売上を円グラフにして比較してみます。

❶ [マーク] カードのドロップダウンのリストから、マークタイプを [円グラフ] にします。

❷ ［データ］ペインから「顧客区分」を［マーク］カードの［色］に、「売上」を［マーク］カードの［角度］にドロップします。

❸ ツールバーにあるドロップダウンのリストを［ビュー全体］に変更します。グラフが大きくなり、見やすくなります。

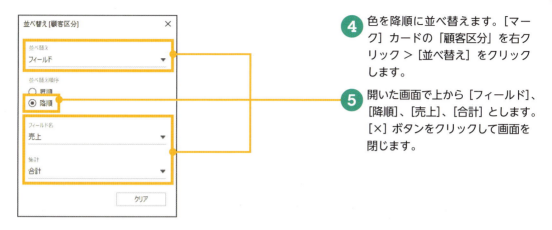

❹ 色を降順に並べ替えます。［マーク］カードの「顧客区分」を右クリック ＞［並べ替え］をクリックします。

❺ 開いた画面で上から［フィールド］、［降順］、［売上］、［合計］とします。［×］ボタンをクリックして画面を閉じます。

❻ 売上の値ではなく、その割合で表すには、［角度］に入れた「合計（売上）」を右クリック ＞［簡易表計算］＞［合計に対する割合］を選択します。

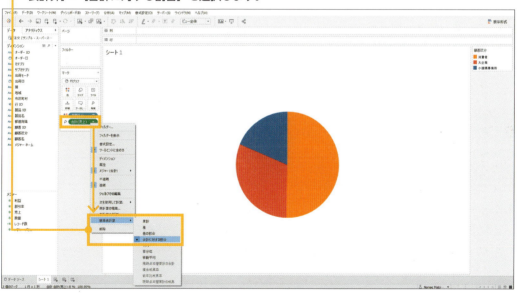

　オレンジ色の消費者は、円の約半分なので、数字を読み取らなくても50％程度であることがすぐにわかります。

037

■ 複数のメジャーで分ける

「売上」と「利益」のフィールドを使って、「売上」から「利益」を引いた「売上原価」というフィールドを作成し、売上の内訳として利益と売上原価を円グラフで表してみましょう。

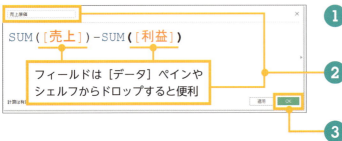

① メニューバーから、[分析] > [計算フィールドの作成] をクリックします。

② 「売上原価」という名前にし、SUM関数を用いて図のように式を組み立てます。

③ [OK] をクリックして画面を閉じます。

 紙面の都合上、本書では関数についてのこれ以上詳細な説明は省きます。より詳しく知りたい方は、Tableauのヘルプで「関数」をキーワードに検索してみてください。

④ [データ] ペインの [ディメンション] の最下部にある「メジャーネーム」を [フィルター] にドロップします。

⑤ 開いた画面で「利益」と「売上原価」のみにチェックを入れます。

⑥ [OK] をクリックして画面を閉じます。

⑦ [マーク] カードでマークタイプを [円グラフ] にします。

⑧ [データ] ペインの「メジャーネーム」を [マーク] カードの [色] に、「メジャーバリュー」を [マーク] カードの [角度] にドロップします。

⑨ 円グラフにラベルを表示します。[データ] ペインから「メジャーネーム」と「メジャーバリュー」を [マーク] カードの [ラベル] にドロップします。

⑩ ツールバーにあるドロップダウンのリストを [標準] から [ビュー全体] に変更します。

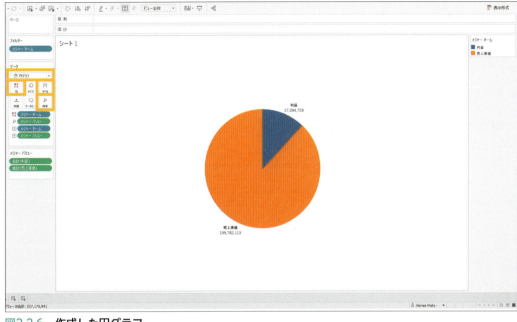

図2.2.6 作成した円グラフ

2.2.8 ヒストグラム

ヒストグラムは、ある1つのメジャーの分布やばらつきを表現するときに使います。棒グラフに似ていますが、棒グラフを分けるのが不連続フィールドなのに対し、ヒストグラムは連続フィールドをビンと呼ばれる一定間隔の幅で区切ります。そのため、隣り合った棒がくっついているのが正しいヒストグラムです。

ビンのサイズを10000円にした利益に対して、そのレコード数（＝行数）の分布を表します。

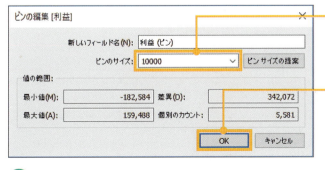

❶ [データ] ペインで、「利益」を右クリック＞[作成] ＞ [ビン] から、[ビンのサイズ] を「10000」にします。

❷ [OK] をクリックして画面を閉じると、「利益（ビン）」というフィールドがディメンションに生成されます。

❸ [データ] ペインで、「利益（ビン）」を右クリック＞[連続に変換] をクリックします。

❹ [データ] ペインから「利益（ビン）」を [列] に、「レコード数」を [行] にドロップします。

0円以上10000円未満の利益を出したレコードが非常に多く、-10000円以上0円未満の利益を出したレコードは2000件近くあることがわかります。なお、「K」は1000を意味しています。

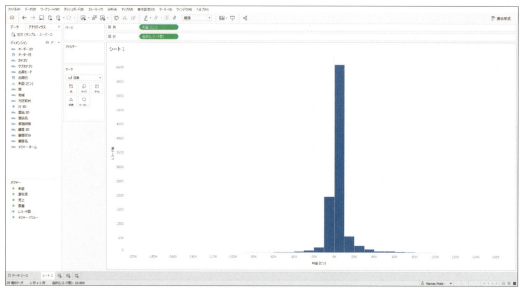

図2.2.7　ヒストグラムの隣り合う棒グラフはくっついている

2.2.9 箱ヒゲ図

　箱ヒゲ図は、ヒストグラムと同様、ある1つのメジャーの分布やばらつきを表現するときに使います。複数項目間で分布を比較するときに役立ちます。箱ヒゲ図は、読み取り方がわかるとコンパクトに多くのインサイトを得やすい表現です。一方、読み取り方は広く一般に知られているわけではないので、見せる相手を選びます。

　デフォルトで表示される箱ヒゲ図の読み方は、次の通りです。

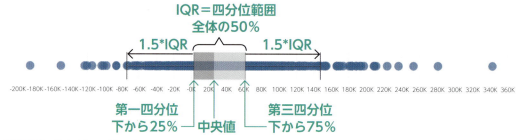

図2.2.8　箱ヒゲ図の読み方

箱と呼ばれる中央の四角い範囲の中に、全体の50%が含まれます。左右に伸びるヒゲは、箱の両端から箱の長さ×1.5の範囲にある最も外側のマークまでが含まれます。ヒゲの先端より外側は、外れ値と解釈できます。

　では、顧客ごとの利益の分布をカテゴリ別に表してみましょう。

❶ [データ] ペインから「利益」を [列] にドロップします。

❷ [マーク] カードでマークタイプを [円] にします。

❸ [データ] ペインから [顧客ID] を [詳細] にドロップします。円が顧客IDごとに分かれます。

❹ [アナリティクス] ペインから [箱ヒゲ図] を [セル] にドロップします。

❺ ツールバーのドロップダウンのリストから [ビュー全体] にします。

❻ [データ] ペインから「カテゴリ」を [行] にドロップします。カテゴリ別に比較しやすくなります。

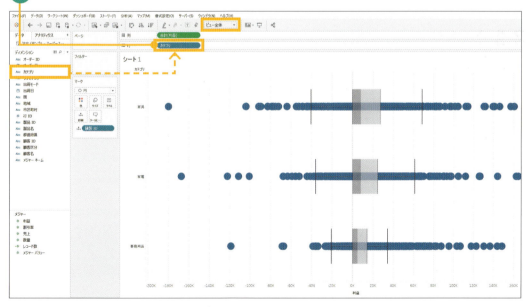

　事務用品の箱は利益が低めで幅が狭いので、顧客単位での利益のボリュームゾーンは低めに集中していることがわかります。家具や家電では、利益が大きいほうにある外れ値が目立ちます。これは利益に大きく貢献した顧客がいることを示しています。

041

基本チャートの組み合わせ

Tableauは、チャートのテンプレートにデータをあてはめるのではなく、ユーザーがチャートを自ら作り上げていく製品です。前節で扱った基本チャートをベースにして、よく使われるビジュアル表現を扱います。

2.3.1 1つの軸で複数メジャーを扱う表現

2つ以上のメジャーを1つのチャートで表す方法です。1つ目のメジャーでチャートを作成し、軸の上に2つ目のメジャーをドロップすると、1つの軸で2つ以上のメジャーを使って表現できます。ここでは「売上」と「利益」の年月推移を表します。

> 共通の軸を利用するので、値が大きく異なるメジャー（売上と数量など）や、単位が異なるメジャー（売上と割引率など）には向きません。

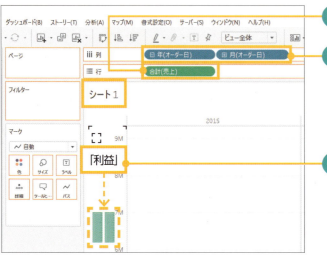

① ［データ］ペインから「売上」を［行］にドロップします。

② ［データ］ペインから「オーダー日」を［列］にドロップします。［+］マークをクリックしてドリルダウンし、不連続の「年（オーダー日）」と「月（オーダー日）」を表示します。

③ ［データ］ペインから「利益」を「売上」の縦軸の上にドラッグすると、緑色の二重ルーラー（定規のデザイン）が表示されるので、そこでドロップします。

既存の軸で、「売上」と「利益」の2つのメジャーを表現できました。

> ドリルダウンの方法は ➡ 2.2.2を参照してください。

042

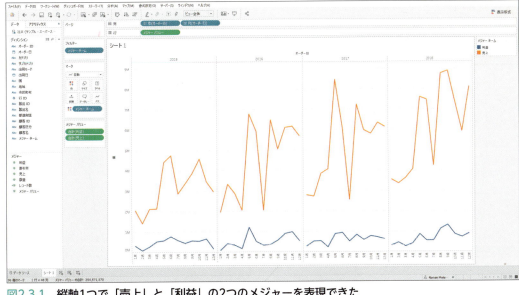

図2.3.1 縦軸1つで「売上」と「利益」の2つのメジャーを表現できた

2.3.2 複合グラフ（二重軸で複数メジャーを扱う表現）

前項で紹介した複数のメジャーを1つのチャートで表す方法は、同程度のスケールのメジャーを使って、同じチャートで表現するときに有用でした。本項では、スケールが異なるメジャーを使うときや、異なるチャートの種類を選択したいときに有用な方法を紹介します。

左側と右側の2つの軸を使ってグラフを重ね合わせます。ここでは「売上」と平均の「割引率」の年月推移を表します。2通りの方法を紹介します。

■ 方法1：ビューにドロップ

① [データ] ペインから「売上」を [行] にドロップします。

② [データ] ペインから「オーダー日」を [列] にドロップします。[+] マークをクリックしてドリルダウンし、不連続の「年（オーダー日）」と「月（オーダー日）」を表示します。

ドリルダウンの方法は ➡2.2.2 を参照してください。

043

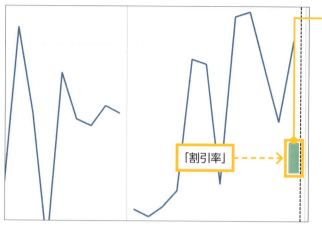

3. [データ]ペインから「割引率」を右クリックした状態でビューの右側にドラッグし、緑色のルーラーと黒色の点線が表示されたらそこでドロップします。

4. 開いた画面で「平均（割引率）」を選択して[OK]をクリックします。

5. ツールバーのドロップダウンのリストを[ビュー全体]に変更します。

方法2：シェルフで二重軸を指定

1. [データ]ペインから「売上」を[行]にドロップします。

2. [データ]ペインから「オーダー日」を[列]にドロップします。[+]マークをクリックしてドリルダウンし、不連続の「年（オーダー日）」と「月（オーダー日）」を表示します。

MEMO　ドリルダウンの方法は ➡2.2.2を参照してください。

3. [データ]ペインから、[行]に[平均（割引率）]をドロップします。

4. 「平均（割引率）」を右クリック ＞ [二重軸]を選択します。

5. ツールバーのドロップダウンのリストを[ビュー全体]に変更します。

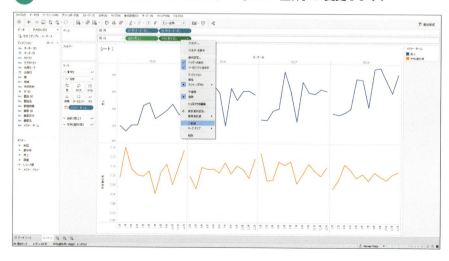

次に「売上」を棒グラフに変更し、「割引率」は折れ線グラフのまま表示します。

［行］に2つのメジャーが入ると、［マーク］カードが、「すべて」と「合計（売上）」と「平均（割引率）」の3つになりました。それぞれのメジャーでマークの要素を指定でき、「すべて」はビューすべてに反映されます。

❻ ［マーク］カードの「合計（売上）」をクリックして開き、マークタイプを［棒］に変更します。

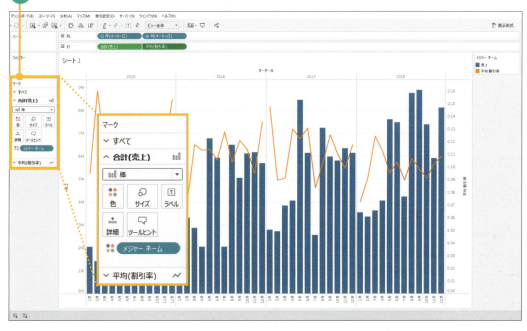

2.3.3 スパークライン

　スパークラインは、小さな複数のグラフから構成されるグラフの集合体で、推移の増減を確認するのに役立ちます。折れ線グラフで表現されることが多いですが、棒グラフも使われます。スパークラインの各グラフは、通常、軸を表示せず簡潔に小さく列挙するので、追加の情報はツールヒントを活用するのも手です。経営ダッシュボードで重宝されます。ここでは、ディメンションの項目でグラフを並べる手順と、複数のメジャーを並べる手順を紹介します。

■ **ディメンションの項目でグラフを並べる**

売上の年月推移を地域別で表します。

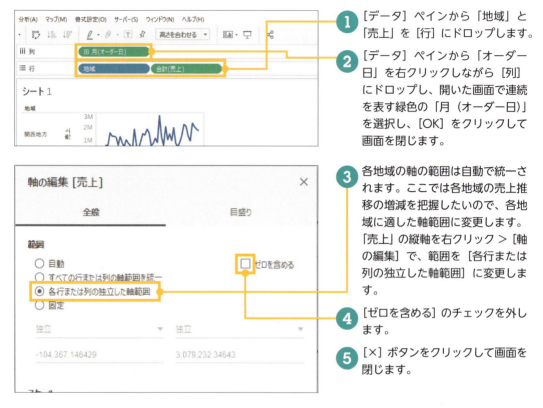

① [データ] ペインから「地域」と「売上」を [行] にドロップします。

② [データ] ペインから「オーダー日」を右クリックしながら [列] にドロップし、開いた画面で連続を表す緑色の「月（オーダー日）」を選択し、[OK] をクリックして画面を閉じます。

③ 各地域の軸の範囲は自動で統一されます。ここでは各地域の売上推移の増減を把握したいので、各地域に適した軸範囲に変更します。「売上」の縦軸を右クリック＞[軸の編集] で、範囲を [各行または列の独立した軸範囲] に変更します。

④ [ゼロを含める] のチェックを外します。

⑤ [×] ボタンをクリックして画面を閉じます。

⑥ ヘッダーを隠します。[列] の「月（オーダー日）」を右クリック＞[ヘッダーの表示] をクリックしてチェックを外します。

⑦ 同様に、[行] の「合計（売上）」も右クリック＞[ヘッダーの表示] をクリックしてチェックを外します。

⑧ 罫線を消します。メニューバーの [書式設定] ＞ [線] をクリックします。

⑨ 画面左に表示される [線の書式設定] の [行] で、[グリッド線] と [ゼロ行] を [なし] にします。Tableau Server・Tableau Onlineの場合、メニューバーの [書式設定] ＞ [ワークブック] ＞ [線] からワークブック全体の設定を変更することができます。

■ 複数のメジャーでグラフを並べる

「売上」、「利益」、「数量」、「割引率」の年月推移を表します。

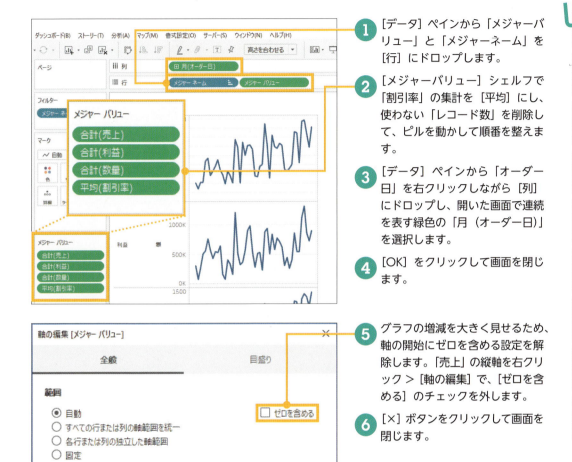

1. [データ] ペインから「メジャーバリュー」と「メジャーネーム」を [行] にドロップします。
2. [メジャーバリュー] シェルフで「割引率」の集計を [平均] にし、使わない「レコード数」を削除して、ピルを動かして順番を整えます。
3. [データ] ペインから「オーダー日」を右クリックしながら [列] にドロップし、開いた画面で連続を表す緑色の「月（オーダー日）」を選択します。
4. [OK] をクリックして画面を閉じます。
5. グラフの増減を大きく見せるため、軸の開始にゼロを含める設定を解除します。「売上」の縦軸を右クリック > [軸の編集] で、[ゼロを含める] のチェックを外します。
6. [×] ボタンをクリックして画面を閉じます。
7. ヘッダーを隠します。[列] の「月（オーダー日）」を右クリック > [ヘッダーの表示] をクリックしてチェックを外します。
8. 同様に [行] の「メジャーバリュー」右クリック > [ヘッダーの表示] をクリックしてチェックを外します。

⑨ 罫線を消します。メニューバーの[書式設定] > [線]をクリックします。

⑩ 画面左に表示される[線の書式設定]の[行]で、[グリッド線]と[ゼロ行]を[なし]にします。

2.3.4 スモールマルチプル

　スモールマルチプルは小さな複数のグラフの集合体で、グラフ間で傾向を比較したり、各グラフの増減の傾向を把握したりするのに役立ちます。軸の範囲がすべて同じなので、比較するのに適しているのです。ここでは「顧客区分」と「地域」を組み合わせて、売上の年月推移を表します。

❶ [データ]ペインから「売上」と「顧客区分」を[行]に、「地域」を[列]にドロップします。

❷ [データ]ペインから「オーダー日」を右クリックしながら[列]にドラッグし、開いた画面で連続を表す緑色の「月（オーダー日）」を選択します。

❸ [OK]をクリックして画面を閉じます。

❹ ヘッダーを隠します。[列]の「月（オーダー日）」を右クリック > [ヘッダーの表示]をクリックしてチェックを外します。

❺ 同様に、[行]の「合計（売上）」を右クリック > [ヘッダーの表示]をクリックしてチェックを外します。

❻ 罫線を消します。メニューバーの[書式設定] > [線]から、画面左に表示される[線の書式設定]の[行]で、[グリッド線]と[ゼロ行]を[なし]にします。Tableau Server・Tableau Onlineの場合、メニューバーの[書式設定] > [ワークブック] > [線]からワークブック全体の設定を変更することができます。

❼ [×]をクリックして[線の書式設定]を閉じます。

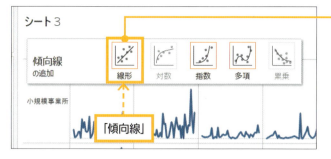

⑧ 傾向を見やすくするために、傾向線を引きます。[アナリティクス]ペインから[傾向線]をグラフの上にドラッグし、[線形]にドロップします。

軸の範囲がすべて同じなので、売上の大きさを把握しつつ上昇・下降の傾向を比較できます。

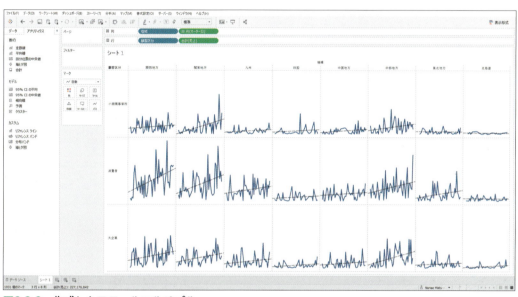

図2.3.2　作成したスモールマルチプル

2.3.5 ガントチャート

　ガントチャートは、ある期間の始めから終わりまでを棒で表し、視覚的に期間を把握できるチャートです。プロジェクトのスケジュール管理を可視化するために使われることが多く、プロジェクト、タスク、メンバーの進捗管理を目的として用いられます。横の長さは日数・月数など期間を表すフィールドをサイズで表します。

　ここでは「オーダーID」ごとに、オーダーされた日から出荷された日までの日数を、2018年12月に絞って表します。

① 横軸は連続で表示します。[データ]ペインから「オーダー日」を右クリックしながら[列]にドロップし、開いた画面で連続を表す緑色の「日（オーダー日）」を選択します。

② [OK]をクリックして画面を閉じます。

③ [データ]ペインから「オーダーID」を[行]にドロップし、開いた画面で[すべてのメンバーを追加]を選択します。

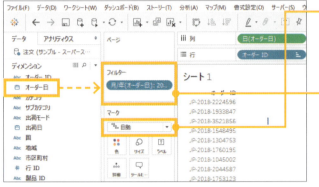

④ [マーク]カードの[マーク]タイプが自動で「ガントチャート」が選択されていることを確認します。

⑤ [データ]ペインから「オーダー日」を[フィルター]にドロップし、[年/月] > [次へ] > [2018年12月] > [OK]をクリックします。Tableau Server・Tableau Onlineの場合は、スライダーで日付の範囲を選択します。

⑥ メニューバーから[分析] > [計算フィールドの作成]をクリックします。

⑦ 「オーダー日と出荷日の日数差」という名前に変更し、DATEDIFF関数を用いて図のように式を組み立てます。チャートの棒の長さとして使います。

⑧ [OK]をクリックして画面を閉じます。

 紙面の都合上、本書では関数についてのこれ以上詳細な説明は省きます。より詳しく知りたい方は、Tableauのヘルプで「関数」をキーワードに検索してみてください。

050

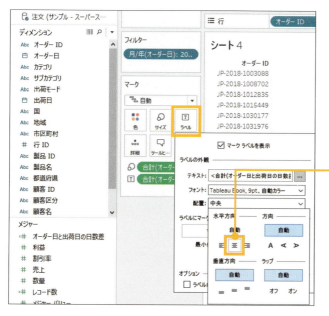

9 [データ]ペインから、作成した「オーダー日と出荷日の日数差」を[マーク]カードの[サイズ]にドロップします。

10 日数を棒に表示します。「オーダー日と出荷日の日数差」を[マーク]カードの[ラベル]にドロップします。

11 [マーク]カードの[ラベル]をクリックし、[配置]の[水平方向]を[中央]にします。これはTableau Desktopでできる機能です。

12 出荷までの日数が長い「オーダーID」順に並べ変えます。ツールバーの降順で並べ替えるボタン を クリックします。

13 出荷までの日数は出荷モードが関係するので、出荷モードの情報も付与します。[データ]ペインから「出荷モード」を[マーク]カードの[色]にドロップします。

　オーダーを受けてから出荷まで半月以上かかっているオーダーが複数あり、そのほとんどは通常配送であることがわかります。

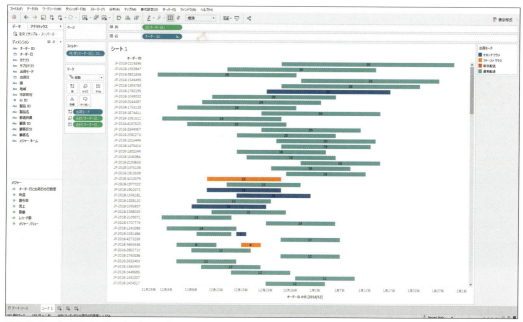

図2.3.3　作成したガントチャート

051

Tableauのガントチャートは、サイズに入れる棒の長さが日単位である必要があります。たとえば、列を分単位で表し、棒の長さを分単位にする場合は、先ほどの❼で
DATEDIFF('minute', [開始日時] , [終了日時]) / (24*60)
として、日の単位に変換します。

2.3.6 スロープグラフ

スロープグラフは、2つの値を比較するときに使う線グラフです。A社とB社や、昨年と今年などを並べて大小の比較にフォーカスさせる表現です。

ここでは2017年と2018年の比較をカテゴリごとに表します。線グラフと円グラフを二重軸で表現し、表計算を用いて増減率を出します。

❶ [データ] ペインから「利益」を [行] に、「カテゴリ」と「オーダー日」を [列] にドロップします。

❷ [データ] ペインから「オーダー日」を [フィルター] にドロップし、[年] > [次へ] > [2017] と [2018] をクリック > [OK] をクリックします。

❸ ツールバーのドロップダウンのリストを [ビュー全体] に変更します。

❹ さらに、[データ] ペインから「利益」を [行] にドロップします。

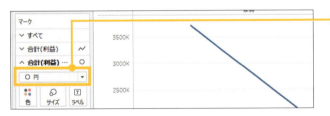

❺ [マーク] カードの下側の「合計 (利益)」でマークタイプを [円] にします。

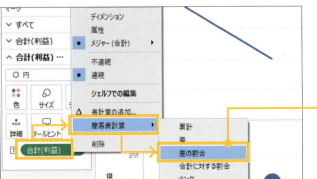

❻ 2018年の円に、2017年比の差の割合を表示します。[マーク] カードの下側の「合計 (利益)」で、[データ] ペインから「利益」を [ラベル] にドロップします。

❼ [ラベル] の「合計 (利益)」を右クリック > [簡易表計算] > [差の割合] をクリックします。

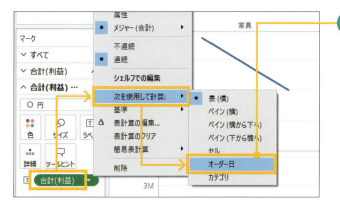

⑧ カテゴリごとに「オーダー日」に沿って差の割合を計算させるため、[ラベル]の「合計（利益）」を右クリック >［次を使用して計算］>［オーダー日］をクリックします。

⑨ 差の割合で色分けします。[ラベル]にある「合計（利益）」を、Windowsの場合は[Ctrl]キーを押しながら、Macの場合は[Command]キーを押しながら、[色]にドロップします。これで、複製して配置できます。

⑩ [行]の右側の「合計（利益）」を右クリック >［二重軸］をクリックします。

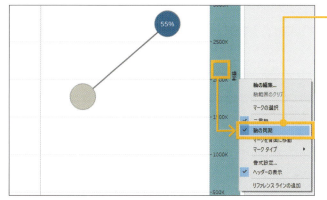

⑪ 右側の軸を右クリック >［軸の同期］をクリックします。

⑫ 右側の軸を右クリック >［ヘッダーの表示］のチェックをクリックして外します。

⑬ サイズやラベルの位置を調整します。

MEMO　ラベルを円の中に入れるには、下側の「合計(利益)」の[マーク]カードの[ラベル]をクリックして、[配置]から水平方向と垂直方向で「中央」を選択します。

　2年の利益に絞って、増減の情報を読み手に与えることができます。家具は大きく下がりましたが、家電と事務用品は大きく上がったことが読み取れます。

053

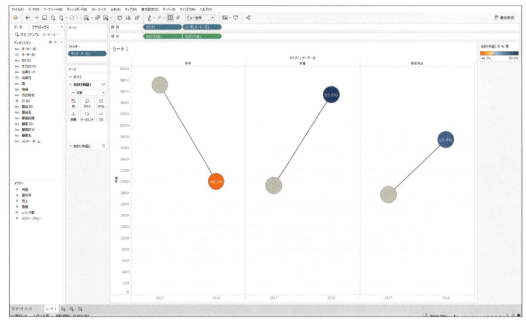

図2.3.4　作成したスロープグラフ

2.3.7 ドーナツチャート

　ドーナツチャートは、円グラフを元にしたドーナツの形に似たチャートで、全体に対するある項目の割合や進捗を表すときに使うと有効です。ただし、ドーナツチャートは最大で100%に満たない1つの項目を表すときに使われる表現です。人間は扇形より長さの比較のほうが得意なので、円グラフやドーナツチャートよりも100%帯グラフやブレットチャートを利用するほうが適していることが多いです。

　ここでは「売上」に対する「利益」と「売上原価」を表し、中央に利益率を示します。

　ドーナツチャートは、円グラフの上に円を重ねて作成します。そこで、ここでは◯2.2.7の「複数のメジャーで分ける」で作成した円グラフを元に作成することにします。

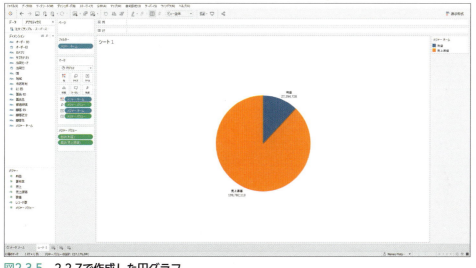

図2.3.5　2.2.7で作成した円グラフ

　図の円グラフの上に円を重ねますが、重ねるには二重軸を使う必要があります。軸が生成されるよう、[行]または[列]に連続フィールドを入れます。

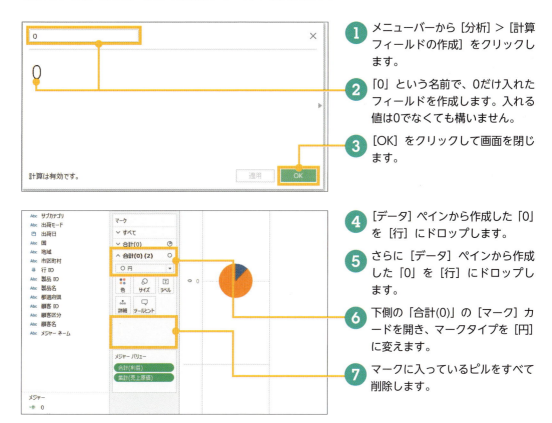

1. メニューバーから[分析]＞[計算フィールドの作成]をクリックします。
2. 「0」という名前で、0だけ入れたフィールドを作成します。入れる値は0でなくても構いません。
3. [OK]をクリックして画面を閉じます。
4. [データ]ペインから作成した「0」を[行]にドロップします。
5. さらに[データ]ペインから作成した「0」を[行]にドロップします。
6. 下側の「合計(0)」の[マーク]カードを開き、マークタイプを[円]に変えます。
7. マークに入っているピルをすべて削除します。

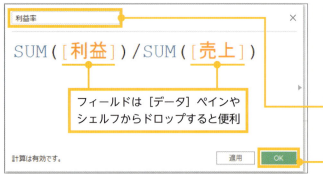

⑧ 円の中心に利益率を表示するために、「利益率」のフィールドを用意します。メニューバーから［分析］＞［計算フィールドの作成］をクリックします。

⑨ 「利益率」という名前にして、SUM関数を用いて図のように式を組み立てます。

⑩ ［OK］をクリックして画面を閉じます。

 紙面の都合上、本書では関数についてのこれ以上詳細な説明は省きます。より詳しく知りたい方は、Tableauのヘルプで「関数」をキーワードに検索してみてください。

⑪ 下側の「合計(0)」の［マーク］カードの［ラベル］に、［データ］ペインから［利益率］をドロップします。

⑫ ［ラベル］にある「利益率」を右クリック＞［書式設定］をクリックし、画面左に表示される［ペイン］タブで、［既定］の［数値］＞［パーセンテージ］＞［小数点］を「0」にします。

⑬ 左側の［書式設定］ペインの右上で、［×］ボタンをクリックして閉じます。

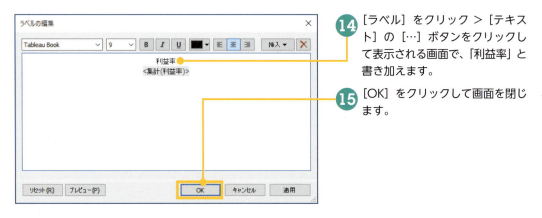

⑭ ［ラベル］をクリック＞［テキスト］の［…］ボタンをクリックして表示される画面で、「利益率」と書き加えます。

⑮ ［OK］をクリックして画面を閉じます。

⑯ ［ラベル］をクリックし、［配置］から水平方向と垂直方向で「中央」を選択します。

⑰ ［色］をクリックして、［白］を選びます。

⑱ 上側の「合計(0)」の［マーク］カードの［サイズ］をクリックし、サイズを大きくします。

⑲ ［データ］ペインの［メジャーネーム］と［メジャーバリュー］を［マーク］カードの［ラベル］にドロップします。

⑳ [行] の右側にある「合計（0）」を右クリック >［二重軸］をクリックします。

㉑ 右の軸を右クリック >［軸の同期］をクリックします。

㉒ 左の軸を右クリック >［ヘッダーの表示］をクリックしてチェックを外します。こうすると、二重軸で表された右の軸のヘッダーも消えます。

㉓ メニューバーの［書式設定］>［線］から、画面左に表示される［線の書式設定］の［行］で、［グリッド線］と［ゼロ行］を［なし］にします。

㉔ メニューバーの［書式設定］>［枠線］から、画面左に表示される［枠線の書式設定］の［シート］で、[行の境界線］と［列の境界線］の［ペイン］を［なし］にします。

利益率の値がわかりやすく大きく表示され、全体の売上のうち利益がどの程度なのか視覚的に把握できます。

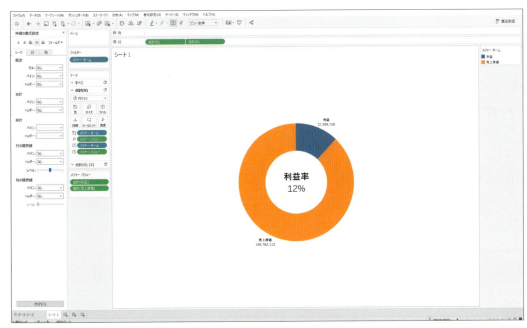

図2.3.6 作成したドーナツグラフ

057

2.3.8 並列棒グラフ

並列棒グラフとは、複数のメジャーを並べて表す棒グラフです。ここではカテゴリごとに「売上」と「利益」を表します。

① ［データ］ペインから「売上」を［列］に、「サブカテゴリ」を［行］にドロップします。

② ツールバーで、降順で並べ替えるボタンをクリックします。

③ ［データ］ペインから「利益」を「売上」の横軸の上にドラッグし、緑色の二重ルーラー（定規のデザイン）が表示されたら、そこでドロップします。

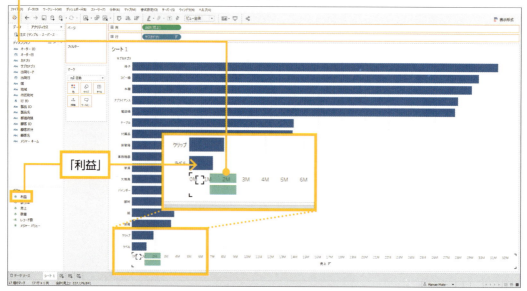

④ ［データ］ペインの［ディメンション］の最下部にある「メジャーネーム」を［マーク］カードの［色］にドロップします。メジャーの名前である、「売上」と「利益」で色分けされます。

⑤ ［メジャーバリュー］のシェルフで、「売上」と「利益」の順番を逆にします。棒グラフの左側に上から「売上」、「利益」と並びます。

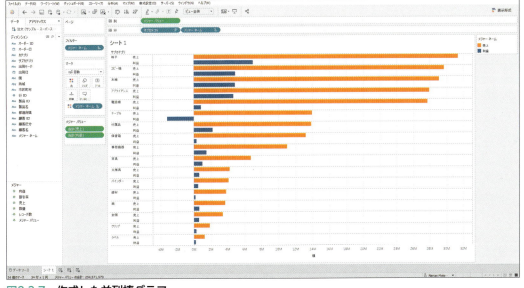

図2.3.7　作成した並列棒グラフ

2.3.9 ブレットチャート

　ブレットチャートは、対象とする値を目標値や参考値と比較するときに使う棒グラフの一種です。目標値に到達したかどうかを把握したいときや、目標値に対して何割程度であるかを把握するのに便利です。

　ここでは、サブカテゴリごとに、2018年の売上を2017年の売上と比較するブレットチャートを作成します。ブレットチャートは、[表示形式] を使うと少ない手順で作成できるので、その方法も紹介します。比較する値と比較される値はそれぞれメジャーとして存在する必要があるので、「2018年売上」と「2017年売上」というフィールドを作成してからチャート作成に入ります。

① メニューバーの [分析] > [計算フィールドの作成] をクリックし、「2018年売上」という名前にして、図のように式を組み立てます。

② 同様に、「2018」を「2017」に変えて、「2017年売上」というフィールドを作成します。

③ [OK] をクリックして画面を閉じます。

059

紙面の都合上、本書では関数についてのこれ以上詳細な説明は省きます。より詳しく知りたい方は、Tableauのヘルプで「関数」をキーワードに検索してみてください。

■ [表示形式] を使用して作成

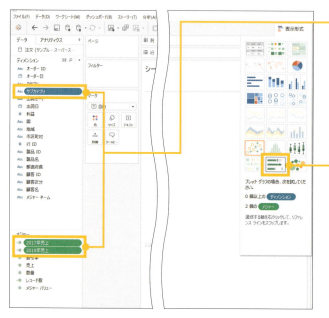

❹ [データ] ペインで、「サブカテゴリ」、「2017年売上」、「2018年売上」を選択します。複数の項目を選択するには、Windowsの場合は [Ctrl] キーを、Macの場合は [Command] キーを押しながらクリックしていきます。

❺ [表示形式] で [ブレットグラフ] をクリックします。

❻ 棒グラフが「2017年売上」で、縦方向の黒線が「2018年」で表示されているので、2つのメジャーを入れ替えます。横軸を右クリック > [リファレンスラインフィールドのスワップ] を選択します。これはTableau Desktopでできる機能です。

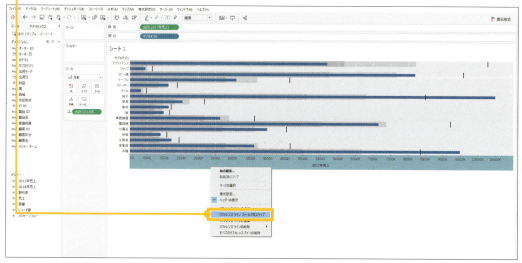

これで、2018年の売上が棒グラフとなり、黒線で表された2017年の売上に到達したかどうかがわかるようになりました。背景の薄いグレーと濃いグレーは、2017年売上の80%と60%のラインを示しています。計算しなくても、到達度が何割程度なのかが簡単に把握できます。

　黒線や背景のグレーを削除するには、ビューの軸上を右クリック＞［リファレンスラインの削除］から消したいリファレンスラインを選択します。

■ ［表示形式］を使用せずに作成

　［表示形式］を使わない方法も紹介しましょう。前々ページの手順❸に続けて操作します。

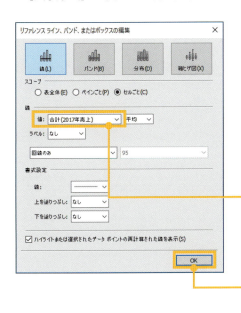

❹ ［データ］ペインから「2018年売上」を［列］に、「サブカテゴリ」を［行］に、「2017年売上」を［マーク］カードの［詳細］にドロップします。

❺ 各棒に、黒い縦線を引きます。［アナリティクス］ペインから［リファレンスライン］をグラフの上にドラッグし、［セル］にドロップします。

❻ ［線］の［値］のドロップダウンのリストから「合計 (2017年売上)」を選択します。❹で［マーク］カードの［詳細］に入れたことで、このリストに表示されました。

❼ ［OK］をクリックして画面を閉じます。

❽ 必要に応じて、各棒の背景に割合を表す色を塗ります。［アナリティクス］ペインから［分布バンド］をグラフの上にドラッグして、［セル］にドロップします。

❾ ［計算］の［値］のドロップダウンのリストから、［次のパーセント］で「合計 (2017年売上)」を選択します。

❿ ［書式設定］の［下を塗りつぶし］にチェックを入れます。これはTableau Desktopでできる機能です。

⓫ ［OK］をクリックして画面を閉じます。

061

⑫ 見た目を調整します。ツールバーのドロップダウンリストを［ビュー全体］にし、ツールバーの降順で並べ替えるボタンをクリックして、棒を降順にソートします。

⑬ 2017年を上回ったかどうか色分けします。メニューバーの［分析］＞［計算フィールドの作成］から、「2018年売上 > 2017年売上」という名前のフィールドを作成し、図を参考に式を組み立てます。

⑭ ［OK］をクリックして画面を閉じます。

 紙面の都合上、本書では関数についてのこれ以上詳細な説明は省きます。より詳しく知りたい方は、Tableauのヘルプで「関数」をキーワードに検索してみてください。

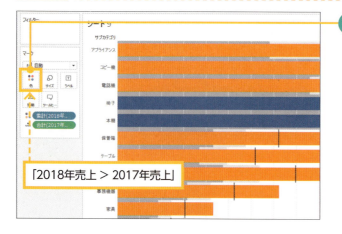

⑮ ［データ］ペインから作成した「2018年売上 > 2017年売上」を、［マーク］カードの［色］にドロップします。

　ここまでの操作でブレットチャートは完成しますが、ダッシュボードを他の人に見せるときには、色遣いにも気を配りましょう。今回のように目標値に到達しているかどうかは、到達していればポジティブな感情をもつ色、到達していなければネガティブな感情をもつ色にするのをおすすめします。文化や環境によっても異なりますが、日本では一般的に、信号と同じようにポジティブなものは青や緑、ネガティブなものは赤で表すとしっくりくることが多いようです。［マーク］カードの［色］をクリック＞［色の編集］から色を変更することができます。

　椅子と本棚を除いて、サブカテゴリの2018年の売上は2017年の売上を超えています。背景色から椅子は2017年の80％超であることが読み取れます。年の途中で棒グラフが伸びている場合、背景色の割合表示は特に有用です。

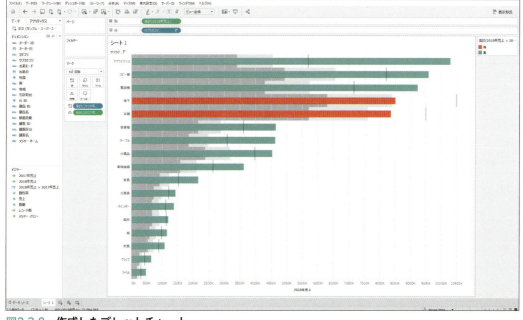

図2.3.8　作成したブレットチャート

2.3.10 Bar in Barグラフ

　Bar in Barグラフとは、2つの棒グラフを重ねて表す棒グラフです。2つの値を比較するときに利用します。➡2.3.9の❸までできているものとして、ここでは2017年と2018年の「売上」を比較します。

❶　［データ］ペインから「2017年売上」を［列］に、「サブカテゴリ」を［行］にドロップします。

❷　ツールバーで、降順で並べ替えるボタン をクリックします。

❸ [データ] ペインから「2018年売上」をビューの上側にドラッグし、緑色のルーラーと黒色の点線が表示されたら、そこでドロップします。

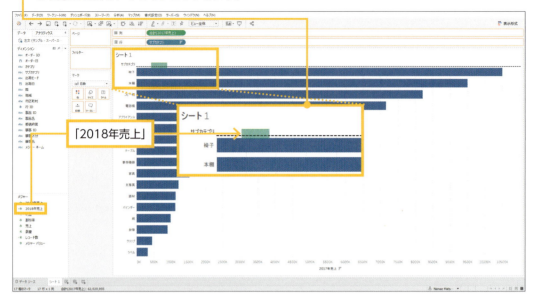

❹ ビューの上部にある「2018年売上」の軸を右クリック > [軸の同期] をクリックします。

❺ [マーク] カードの「すべて」でマークタイプを [棒] にします。

❻ [マーク] カードの下側の「合計（2018年売上）」で [サイズ] をクリックし、棒グラフのサイズを小さくします。

❼ 軸の見た目を整えます。ビューの上部にある「2018年売上」を右クリック > [ヘッダーの表示] をクリックして非表示にします。

❽ ビューの下部にある「2017年売上」の軸をダブルクリックし、表示された画面で [軸のタイトル] を「売上」に書き換えます。

　必要に応じて、ツールバーで表示を「ビュー全体」に変更します。

　複数比較したい値がある場合、たとえば「2018年売上」を「2017年売上」だけでなく「2016年売上」とも比較したい場合、さらに「目標売上」とも比較したい場合や、比較したいある値に対する大まかな割合を把握したいときは、前項のブレットチャートのほうが適しています。

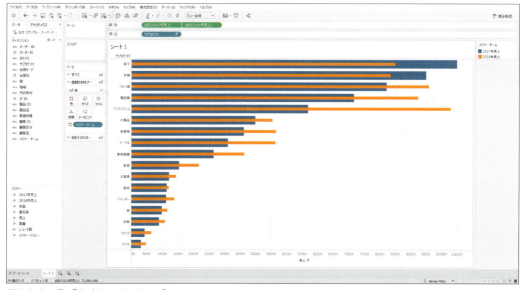

図2.3.9 作成したBar in Barグラフ

表計算のチャート

Tableauには表計算という種類の関数があります。通常の関数と違い、表やグラフで表示した値をさらに計算する関数です。たとえば、項目ごとに合計した値を累計したり、差を出したり、ランキングを出したりすることができます。よく使う表計算は、リストから選択するだけで簡単に使えるよう［簡易表計算］という名称で用意されています。本節の前半では簡易表計算を使い、後半では表計算関数を用いてチャートを作ります。

2.4.1　100%帯グラフ

　100%帯グラフとは、積み上げ棒グラフの表現を変え、最大が100%となるよう割合表示した棒グラフです。長さで割合が表現されるので割合の大きさを把握しやすく、円グラフの代替グラフとしても使われます。複数の帯グラフを並べたときに項目間の大小が比較しやすい、という特徴があります。

　ここではカテゴリの売上の割合を、地域ごとに表します。

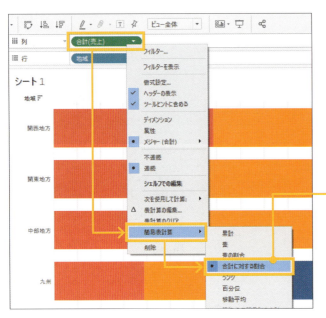

① ［データ］ペインから「売上」を［列］に、「地域」を［行］に、「カテゴリ」を［マーク］カードの［色］にドロップします。

② 見た目を整えます。ツールバーにあるドロップダウンのリストを［ビュー全体］に変更します。

③ ツールバーの降順で並べ替えるボタンをクリックします。

④ ［列］にある「合計（売上）」を右クリック＞［簡易表計算］＞［合計に対する割合］をクリックします。

066

これで横軸が「値」から「割合」に変わります。ビューすべて合わせて100%となる割合が計算されていますが、求めたいのは地域を100%とした各カテゴリの割合です。このため、割合を計算する方向を指定する必要があります。

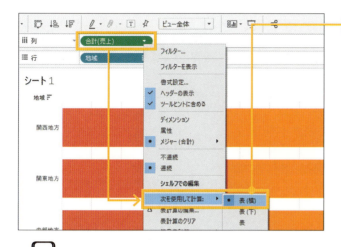

5 計算の方向を指定します。[列] にある「合計（売上）」を右クリック ＞ [次を使用して計算] ＞ [表（横）] もしくは [カテゴリ] をクリックします。

[次を使用して計算] では、どのディメンションで計算するかを指定します。[表（横）] は、ビューで見た通り、各棒で横方向に計算するので感覚的にわかりやすい表現です。[カテゴリ] を指定しても、カテゴリが並ぶ左から右の方向、すなわち横方向に計算するので、見た目は表（横）と変わりません。しかし、表の形が変わっても、必ず「カテゴリ」ごとに割合を算出できるというメリットがあります。

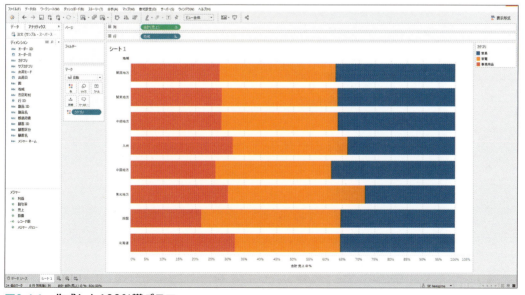

図2.4.1　作成した100％帯グラフ

COLUMN

100%帯グラフをある項目で並べ替える方法を紹介します。ここでは➡2.4.1で作成したグラフを用いて、青色の「家具」で降順に並べ替えてみます。

1. 「家具」のマークのいずれかをクリックしてツールヒントを表示します。

2. ツールヒント内の［家具］をクリックしてから、ツールヒント上部の降順で並べ替えるボタン をクリックします。

3. 棒の中の色の順番を変更するには、右上に表示されている色の凡例をドラッグアンドドロップして動かします。または、［マーク］カードの［色］にある「カテゴリ」を右クリック＞［並べ替え］から行います。図は、［データソース順］の［降順］にした様子です。

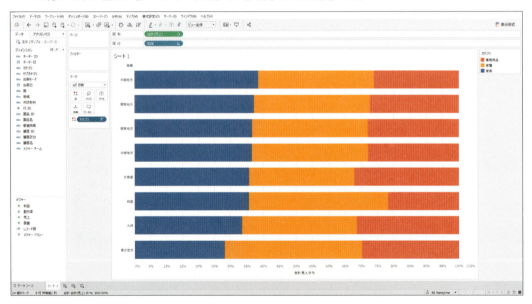

円グラフと比較して、項目間の大小の比較や順位が把握しやすいことに気づくはずです。

2.4.2 100%積み上げ面グラフ

100%積み上げ面グラフとは、面グラフの表現を変え、最大が100%となるよう割合表示したものです。各項目の貢献度を把握するのに適していますが、各項目の増減を知るには線グラフが最適です。ここでは、➡2.2.4で作成した積み上げ面グラフを元に作成することにします。

❶ [行] にある「合計（売上）」を右クリック＞[簡易表計算]＞[合計に対する割合] を選択します。

❷ [行] にある「合計（売上）」を右クリック＞[次を使用して計算]＞[表（下）] もしくは [カテゴリ] を選択します。

青色の「家具」が、直近数カ月で売上比率を落としていそう、といったことが読み取れます。100%積み上げ面グラフで把握できる割合の増減は、一番下と一番上の項目です。

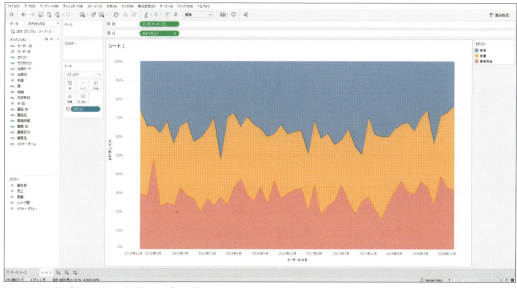

図2.4.2　作成した100%積み上げ面グラフ

2.4.3 滝グラフ（ウォーターフォールチャート）

滝グラフとは、値の正負を棒で表しながら、累積値を表現するチャートです。項目ごとに累計値への貢献度合いを把握できます。収益やコストといった、収支計算を表すのに適しています。

ここでは、サブカテゴリごとの利益を表します。

❶ [データ] ペインから「利益」を [行] に、「サブカテゴリ」を [列] にドロップします。

❷ [行] にある「合計（利益）」を右クリック＞ [簡易表計算] ＞ [累計] をクリックします。

❸ [マーク] カードでマークタイプを [ガントチャート] にします。

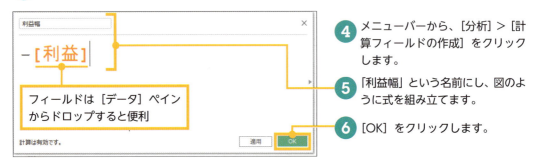

❹ メニューバーから、[分析] ＞ [計算フィールドの作成] をクリックします。

❺ 「利益幅」という名前にし、図のように式を組み立てます。

❻ [OK] をクリックします。

 MEMO この例で各サブカテゴリの「利益」分の棒を表示するには、累計利益から各サブカテゴリの「利益」の分、マイナス方向（下方向）に棒を伸ばす必要があります。たとえば、1つ目の「アプライアンス」は約4.7Mに線が引かれていますが、棒は0M〜4.7Mで表示したいので、4.7Mの線から-4.7Mの長さを与える必要があります。

❼ 棒の長さを表示します。[データ] ペインから作成した「利益幅」を [マーク] カードの [サイズ] にドロップします。

❽ 右側に累計を表示します。[アナリティクス] ペインから [合計] をグラフの上にドラッグして、[行総計] にドロップします。

❾ 各サブカテゴリの利益の正負で色分けします。[データ] ペインから「利益」を [マーク] カードの [色] にドロップします。

❿ [マーク] カード上の [色] ＞ [色の編集] をクリックし、[ステップドカラー] にチェックを入れて「2」ステップにします。

⓫ [詳細] をクリックし、[中央] にチェックを入れて、「0」に指定します。

　利益の総計に対して、椅子の貢献度合いが高いことや、テーブルの利益がマイナスであることがわかります。

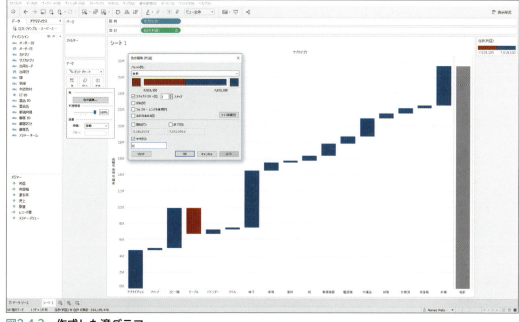

図2.4.3 作成した滝グラフ

2.4.4 パレート図

　パレート図とは、項目の値を表す棒グラフと累積比率を表す折れ線グラフを組み合わせた複合グラフです。項目ごとに降順で売上を棒グラフで並べ、全体に対する累計比率を線で表現します。全体を構成するうちのたった2割が、全体の8割に貢献しているというパレートの法則を示すのに使われます。品質管理でよく使われる表現です。ここでは、製品ごとに売上への貢献比率を表します。

■ 製品の「売上」累計比率を示す

　まずは全体に対する製品の売上累計比率を示すグラフを作ります。

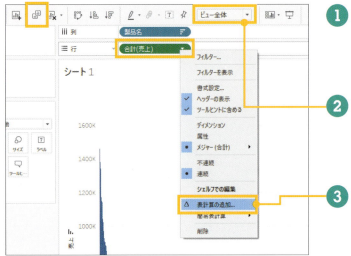

① ［データ］ペインから「売上」を［行］に、「製品名」を［列］にドロップします。警告の画面が表示されたら、[すべてのメンバーを追加] をクリックします。

② ツールバーで降順で並べ替えるボタン をクリックし、ドロップダウンのリストから［ビュー全体］を選択します。1画面で、製品ごとに降順で並びます。

③ ［行］の「合計（売上）」を右クリック＞［表計算の追加］をクリックします。

④ 売上を累計してから割合に変換します。開いた画面で図のように設定し、[×] ボタンをクリックして閉じます。「製品名」を使って［累計］し、［セカンダリの追加］にチェックを入れて、「製品名」を使って［合計に対する割合］を選択するのがポイントです。

⑤ ［マーク］カードのマークタイプを［線］にします。

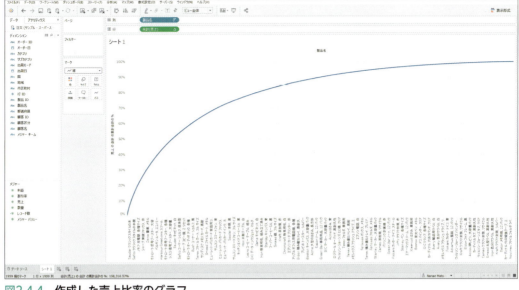

図2.4.4　作成した売上比率のグラフ

■「製品名」を表示したまま「売上」を棒グラフで重ねる

売上の棒グラフを二重軸で重ねていきます。図2.4.4に続けて作業を進めます。

6 [データ] ペインから [売上] を [行] の「合計（売上）」の左側にドロップします。

7 「売上」で二重軸にします。[行] にある2つの「合計（売上）」のうち右側の「合計（売上）」を右クリック >[二重軸] をクリックします。

8 [マーク] カードの上側の「合計（売上）」のマークタイプを [棒] にします。

　「製品名」の「売上」を棒グラフで、全体の売上に対する「製品名」の割合の累計を線グラフで表示できました。この方法は、各製品が全体のどのあたりに位置しているか知りたいときに、製品名でハイライターをつけながら確認するといった用途に適しています。

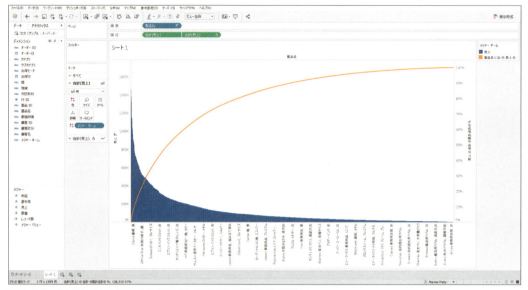

図2.4.5　作成した売上累計比率の線グラフと売上の棒グラフ

■「製品名」を割合に変換して「売上」を棒グラフで重ねる

列には製品名が入っていますが、製品数がカウントできるよう、各製品名を1というメジャーに変換し、製品数を数え上げて、比率を算出します。図2.4.4に続けて作業を進めてください。

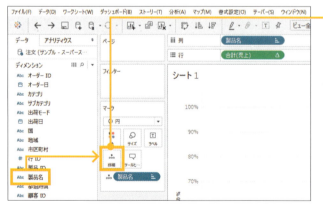

❻ [データ] ペインの「製品名」を [詳細] にドロップします。表計算の「次を使用して計算」で「製品名」を指定できるようにするためです。

❼ [詳細] の「製品名」をクリックしてからツールバーの降順で並べ替えるボタン を2回クリックして、図2.4.4と同じ形のグラフにします。[詳細] の「製品名」を使って降順の指定を行いました。

⑧ [列] の「製品名」を右クリック > [メジャー] > [カウント（個別）] をクリックします。製品名は1種類ずつ並んでいたので、各製品名はすべて1に変換されました。

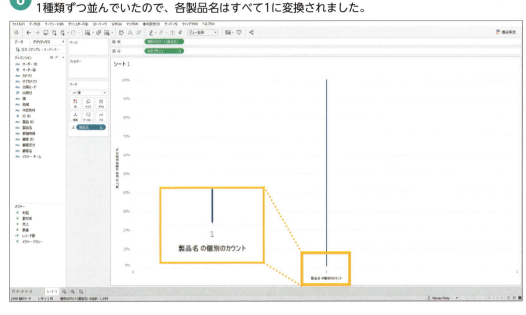

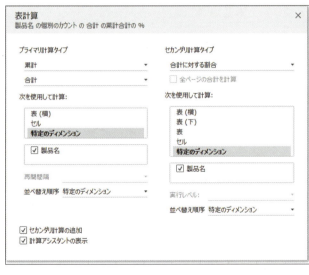

⑨ 製品種類数を累計してから、比率を出します。[列] の「個別のカウント（製品名）」を右クリック > [表計算の追加] をクリックします。

⑩ 開いた画面で図のように設定し、[×] ボタンをクリックして閉じます。これで、「製品名」の売上貢献の割合で横軸が生成されました。

075

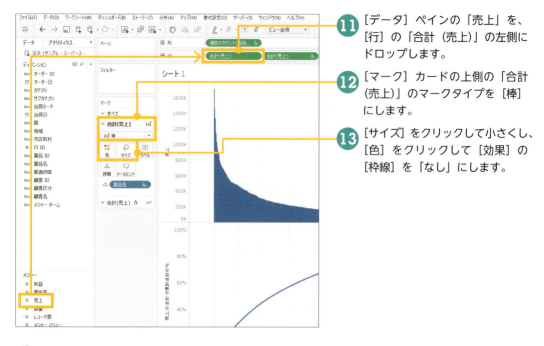

14 [行] にある右側の「合計（売上）」を右クリック > [二重軸] をクリックします。

15 上位2割の製品が売上の8割に貢献しているか確認しやすくするために、2割と8割に線をつけます。[アナリティクス] ペインの [定数線] を「個別のカウント（製品名）」にドラッグし、開いた画面で「0.2」を入力します。

16 さらに [アナリティクス] ペインの [定数線] を、一番下の「合計（売上）」にドラッグし、「0.8」を入力します。

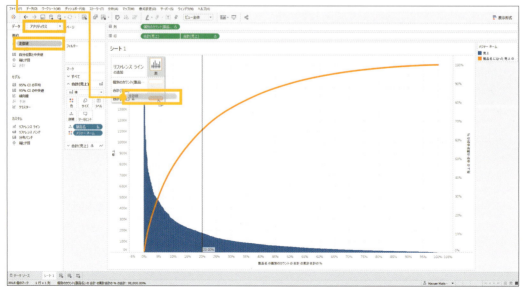

ビュー内のマークをマウスオーバーしてツールヒントで確認すると、売上貢献上位20％の製品は売上の約65％を占めており、売上の80％は売上貢献上位約33％の製品が占めています。パレートの法則よりは一部の製品への集中度合いが低いことがわかります。

2.4.5 管理図

　管理図とは、データのばらつきを確認することで、統計的に管理できているかどうかを判断するための折れ線グラフです。品質管理でよく使われ、棒グラフや折れ線グラフのほか、パレート図、ヒストグラム、散布図などと並んで、QC7つ道具の1つとして知られています。

　ここでは、一般的な管理図である、平均線の上下に標準偏差の3倍で管理限界線を引いてみます。日ごとの利益の推移を管理図で表します。

1. ［データ］ペインから「利益」を［行］にドロップします。

2. ［データ］ペインから「オーダー日」を右クリックしながら［列］にドロップし、開いた画面で連続を表す緑色の「日（オーダー日）」を選択し、［OK］をクリックして画面を閉じます。

3. ［アナリティクス］ペインから［平均線］をグラフ上にドラッグし、［表］にドロップします。

4. 標準偏差の±3倍のエリアを示します。［アナリティクス］ペインから［分布バンド］をグラフ上にドラッグし、［表］にドロップします。

5. ［計算］の［値］のドロップダウンのリストから［標準偏差］を選択し、［係数］に「-3,3」と入力します。

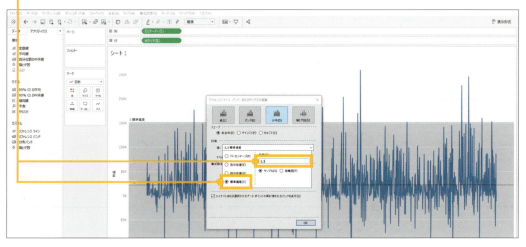

⑥ 標準偏差の±3倍を越えたマークを色分けした円のグラフを作成し、二重軸で重ねます。[データ] ペインの「利益」を右クリック >[複製]をクリックして、「利益（コピー）」を生成します。

⑦ [データ]ペインの「利益（コピー）」を[行]にドロップします。

⑧ [マーク]カードの下側の「合計（利益）コピー」を開き、マークタイプを[円]にします。

⑨ 標準偏差の±3倍以内かその外にあるか計算します。メニューバーの[分析] > [計算フィールドの作成]クリックし、「±3×標準偏差」という名前にして、図のように式を組み立てます。WINDOW関数は表計算関数の1つで、表示されているウィンドウ内で計算された値に対して計算結果を返します。フィールドは[データ]ペインやシェルフからドロップすると便利です。

```
SUM([利益（コピー）]) < WINDOW_AVG(SUM([利益（コピー）])) - 3*WINDOW_STDEV(SUM([利益（コピー）]))
or
WINDOW_AVG(SUM([利益（コピー）])) + 3*WINDOW_STDEV(SUM([利益（コピー）])) < SUM([利益（コピー）])
```

⑩ [OK]をクリックして画面を閉じます。

> 紙面の都合上、本書では関数についてのこれ以上詳細な説明は省きます。より詳しく知りたい方は、Tableauのヘルプで「関数」をキーワードに検索してみてください。

⑪ 下側の「合計（利益）」の[マーク]カードの[色]に、作成した「±3×標準偏差」をドロップします。

⑫ [行]の右側の「合計（利益）コピー」を右クリック >[二重軸]をクリックします。

⑬ 右の軸を右クリック >[軸の同期]と[ヘッダーの表示]をクリックしてチェックを外します。

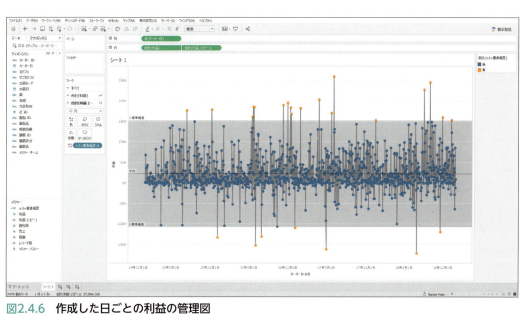

図2.4.6 作成した日ごとの利益の管理図

日付型データを利用した表計算チャート

時系列のデータを使って、年ごとや月ごとに差や比、その割合などを出す機会はよくあります。売上の前月差や前年比、月ごとの累計、週ごとの移動平均などです。日付型データでよく使う表計算の計算式は、簡単に利用できる［簡易表計算］としてまとまっています。
本節では使用頻度の高い表計算処理をピックアップして紹介します。ポイントは、どの範囲で、どの方向で、表計算を走らせるかです。

2.5.1 累計

値を積み上げた推移を表したいとき、簡易表計算の累計を使います。ここでは月ごとの「売上」を年ごとに累計して表します。

① ［データ］ペインから「売上」を［行］にドロップします。

② ［データ］ペインから「オーダー日」を［列］にドロップします。［+］マークをクリックしてドリルダウンし、不連続の「年（オーダー日）」と「月（オーダー日）」を表示します。

> ドリルダウンの方法は ➡ 2.2.2 を参照してください。

③ ［行］の「売上」を右クリック ＞ ［簡易表計算］＞ ［累計］をクリックします。

月ごとに4年間の「売上」が累計されました。しかし、今回知りたいのは「年ごとの累計」です。そこで、全データではなく年ごとの累計となるよう、計算の範囲を指定します。

ここではより簡単に指定できる［次を使用して計算］と、詳細に指定できる［表計算の編集］の方法を紹介します。

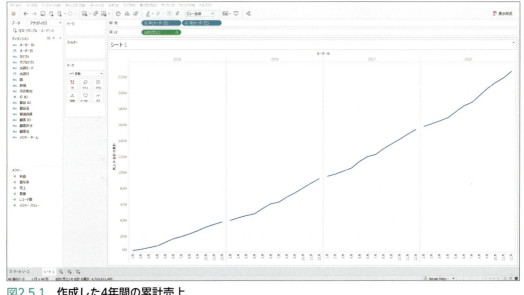

図2.5.1　作成した4年間の累計売上

■ ［次を使用して計算］を利用

図2.5.1の状態のグラフに続けて操作していきましょう。

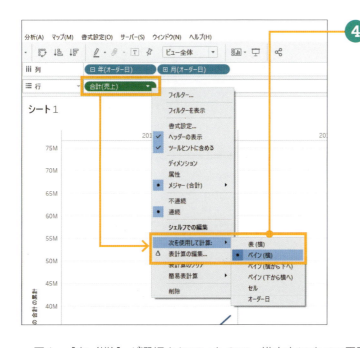

④ ［行］の「合計（売上）」を右クリック > ［次を使用して計算］ > ［ペイン（横）］をクリックします。

元々、［表（横）］が選択されていたので、横方向にすべて累計されました。ペインとは、行と列のディメンションでスライスされたエリアなので、ここでは各年を指します。

081

■ ［表計算の編集］を利用

図2.5.1の状態のグラフに続けて操作していきましょう。

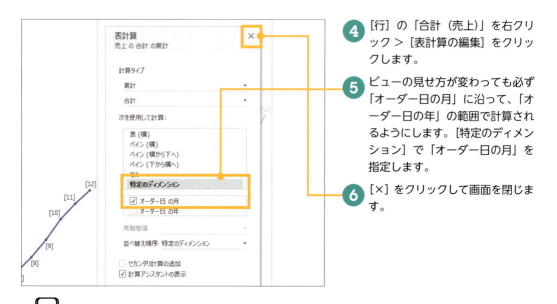

❹ ［行］の「合計（売上）」を右クリック＞［表計算の編集］をクリックします。

❺ ビューの見せ方が変わっても必ず「オーダー日の月」に沿って、「オーダー日の年」の範囲で計算されるようにします。［特定のディメンション］で「オーダー日の月」を指定します。

❻ ［×］をクリックして画面を閉じます。

MEMO

［計算アシスタントの表示］にチェックを入れると、ビューの中でどの範囲で計算するかヘッダーが黄色でハイライトされ、どの方向で計算するかが番号でラベル表示され、わかりやすくなります。

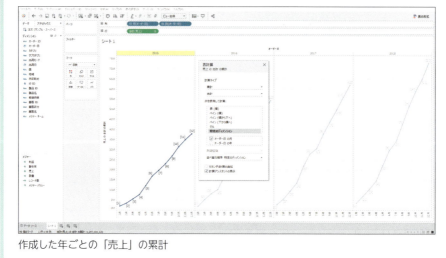

作成した年ごとの「売上」の累計

表計算を設定したピルは、右側にデルタ記号（上向き三角）が表示されます。ピルをダブルクリックすると、計算式が確認できます。

表計算は、範囲や方向の指定が間違っていないか、クロス集計で値を確認すると安心です。ビジュアル表現をすでに作っている場合は、画面下のシート名を右クリック＞［クロス集計として複製］をクリックすると、隣のシートにクロス集計が生成されます。

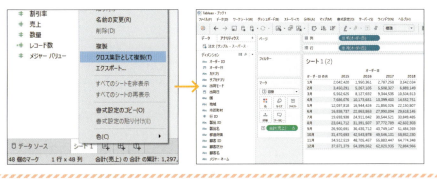

2.5.2 差

差を出すときにも［簡易表計算］を使えます。ここでは「売上」の前月との差と、前年同月との差を表します。日付が連続のときと不連続のときで比べてみましょう。

■ 日付フィールドが不連続の場合

前月差を表示してみます。

1. ［データ］ペインから「売上」を［行］にドロップします。
2. ［データ］ペインから「オーダー日」を［列］にドロップします。［+］マークをクリックしてドリルダウンし、不連続の「年（オーダー日）」と「月（オーダー日）」を表示します。
3. ツールバーのドロップダウンリストを［ビュー全体］にします。

083

ドリルダウンの方法は ➡ 2.2.2 を参照してください。

❹ [行] の「合計（売上）」を右クリック ＞ [簡易表計算] ＞ [差] をクリックします。

❺ [行] の「合計（売上）」を右クリック ＞ [次を使用して計算] ＞ [表（横）] であることを確認します。ビューで見て横方向に差を計算、すなわち「前月との差」を計算します。

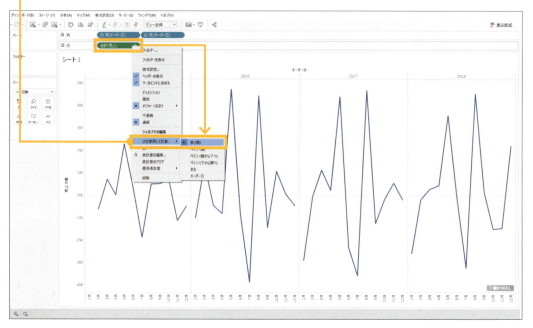

手順❹で「合計（売上）」を右クリック ＞ [表計算の追加] をクリックし、開いた画面の [計算タイプ] で「差」を選択し、[特定のディメンション] を選択して、「オーダー日の年」と「オーダー日の月」を指定しても、結果は同じです。

次に、前年同月差を表します。同じ「差」ですが、前月差とは計算の範囲と方向の指定が異なります。先ほどと手順❸までは同じです。

084

④ [行]の「合計(売上)」を右クリック > [表計算の追加]をクリックします。

⑤ 開いた画面で[特定のディメンション]を選択して「オーダー日の年」を指定します。これで、「オーダー日の年」に沿って、「オーダー日の月」の範囲で計算します。

⑥ [×]をクリックして画面を閉じます。

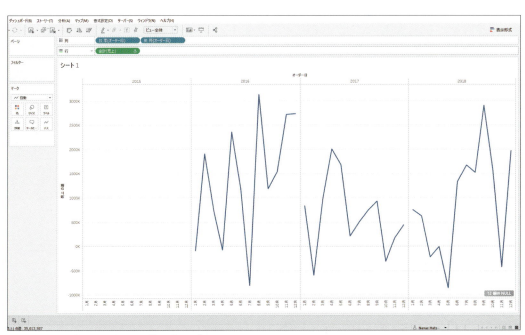

図2.5.3　作成した前年同月差を表すグラフ

085

■ 日付フィールドが連続の場合

前月差を表示してみます。

❶ [データ] ペインから「売上」を [行] にドロップします。

❷ [データ] ペインから「オーダー日」を右クリックしながらドラッグし、[列] にドロップします。

❸ 開いた画面で緑色の連続の「月（オーダー日）」を選択し、[OK] をクリックして画面を閉じます。

❹ [行] の「合計（売上）」を右クリック > [簡易表計算] > [差] をクリックします。

❺ [行] の「合計（売上）」を右クリック > [次を使用して計算] > [表（横）] であることを確認します。

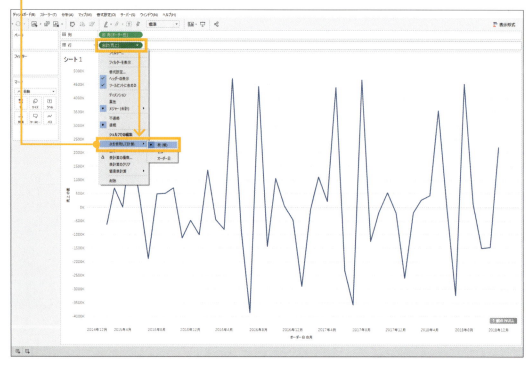

次に、前年同月差を表します。前月差は1個前との差を出していましたが、前年同月差では12個前との差を出します。❺に続けて操作します。

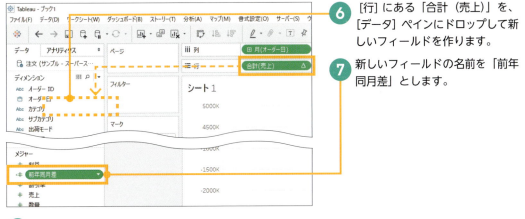

❻ [行] にある「合計（売上）」を、[データ] ペインにドロップして新しいフィールドを作ります。

❼ 新しいフィールドの名前を「前年同月差」とします。

❽ [データ] ペインの「前年同月差」を右クリック >[編集] をクリックします。

❾ 式の最後の引数を「-1」から「-12」に変更して [OK] をクリックします。

「-1」を「-12」に変更

MEMO 変更前の計算式は「当月 - 1個前」、つまり前月差を表しています。そこで、ここでは1年前（前年同月）を表す「当月 - 12個前」に式を変更しています。

❿ Tableau Server・Tableau Onlineの場合は、[データ] ペインの「前年同月差」を [行] にある「合計（売上）」の上に重ねて、入れ替えます。

右下に [12個のNULL] と表示されています。前年同月差を表示しているので、最初の12カ月は比較対象がありません。このため、NULLとなります。

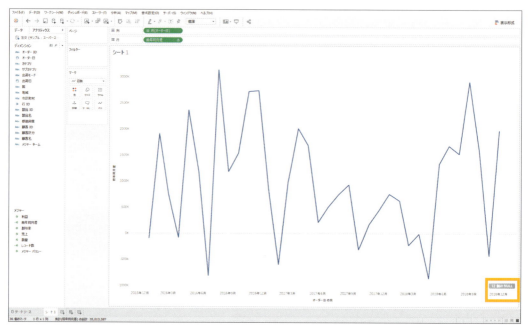

図2.5.4 作成した前年同月差を表すグラフ

2.5.3 移動平均

　時系列データで、ある一定の期間の平均値を連続的に表すのが移動平均です。データの変動をならして傾向をつかむときに有効です。

　ここでは月別の「売上」の推移を、各月を含んで過去10カ月分の移動平均とともに表します。

① ［データ］ペインから「売上」を［行］にドロップします。

② ［データ］ペインから「オーダー日」を右クリックしてドラッグし、［列］にドロップします。

③ 開いた画面で緑色の連続の「月（オーダー日）」を選択し、［OK］をクリックして画面を閉じます。

088

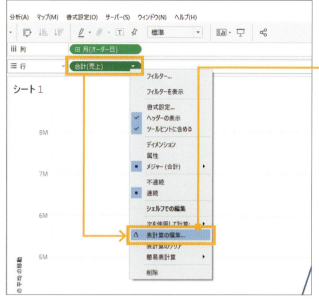

4 ［行］の「合計（売上）」を右クリック ＞ ［簡易表計算］ ＞ ［移動平均］をクリックします。

5 何カ月分の移動平均で計算するか指定します。［行］の「合計（売上）」を右クリック ＞ ［表計算の編集］を選択します。

6 2番目のドロップダウンリストをクリックし、［前の値］を「10」に変更し、［現在の値］にチェックが入っていることを確認します。

7 ［×］ボタンをクリックして画面を閉じます。

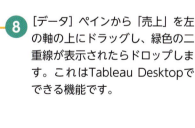

8 ［データ］ペインから「売上」を左の軸の上にドラッグし、緑色の二重線が表示されたらドロップします。これはTableau Desktopでできる機能です。

089

チャートの作成

左の軸を使って、「売上」と移動平均の2つのメジャーを表すことができました。月ごとの「売上」の変動を抑えた移動平均線から、上昇傾向にあることをわかりやすく表現できました。

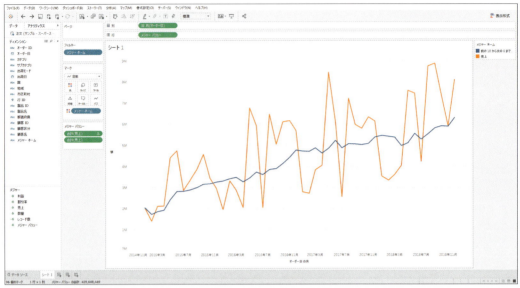

図2.5.5　作成した月ごとの「売上」と、その移動平均を表すグラフ

2.5.4 前年比成長率と前年比

　前年比成長率は［簡易表計算］に用意されているので、簡単に表現できます。［簡易表計算］で表された計算式は編集できるので、前年比や前月比成長率等、似たような処理は［簡易表計算］から書き換えるのが便利です。
　ここでは「売上」に加え、前年比成長率と前年比を並べて月別推移で表します。

① ［データ］ペインから［行］に「売上」を2つドロップします。

② ［データ］ペインから「オーダー日」を［列］にドロップします。［+］マークをクリックしてドリルダウンし、不連続の「年（オーダー日）」と「月（オーダー日）」を表示します。

ドリルダウンの方法は➡2.2.2を参照してください。

③ ツールバーのドロップダウンのリストから［ビュー全体］にします。

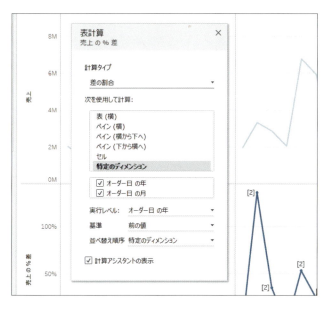

4 [行] の右側の「合計（売上）」を右クリック >[簡易表計算] >[前年比成長率] をクリックします。

5 [行] の右側の「合計（売上）」を右クリック >[表計算の編集] で年と月の両方を使って計算していることを確認します。

ここまでの操作で、右下に「12個のNULL」と表示されているはずです。前年比成長率は前年の値との比較なので、最初の12カ月は比較対象がないからです。次に、前年比を表示します。

6 [行] の右側の「合計（売上）」を、Windowsの場合は [Ctrl] キーを押しながら、Macの場合は [Command] キーを押しながら、「合計（売上）」の右側にドロップして複製します。

7 [行] の一番右側の「合計（売上）」を [データ] ペインにドロップし、新しいフィールドを作成します。

8 作成した新しいフィールドの名前を「前年比」とし、「前年比」を右クリック >[編集] をクリックします。

9 開いた画面で式を次のように変更し、[OK] をクリックして画面を閉じます。

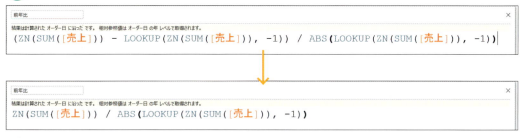

変更前の計算式は「（今年 - 前年）/ 前年」を表していますが、それをここでは「今年 / 前年」という式に変更しています。

10 Tableau Server・Tableau Onlineの場合は、[行] の右側の「合計（売上）」の上に、[データ] ペインから「前年比」を重ねて置き換えます。

「売上」と前年比成長率、前年比を一覧できるグラフができました。ここでは不連続の日付フィールドを用いていますが、連続の日付フィールドでも計算式を組めば表現できます。

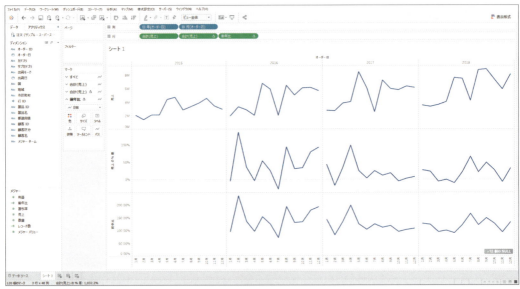

図2.5.6 作成した「売上」と、前年比成長率と前年比のグラフ

2.5.5 バンプチャート（順位変動グラフ）

　バンプチャートとは、順位変動グラフやランキンググラフなどとも呼ばれる、項目の順位変動を表す折れ線グラフです。スポーツでチームごとのランキングの推移を表すのによく見かけるほか、企業では競合他社と比較した自社のシェア推移などで使われます。折れ線グラフで表現すると項目数、すなわち線が多過ぎてわかりにくく、順位さえ知れればいい場合にも使えます。

　ここでは四半期レベルで、地域の「売上」ランキングの推移を表します。

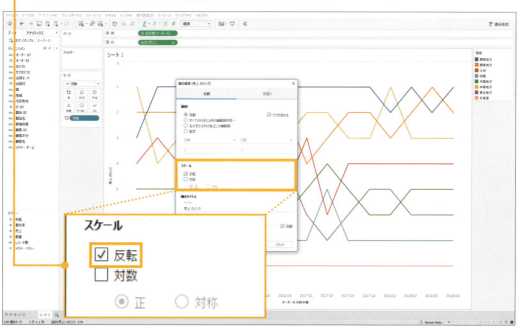

① [データ] ペインから「売上」を [行] に、連続の「四半期（オーダー日）」を [列] に、「地域」を [マーク] カードの [色] にドロップします。連続の「四半期（オーダー日）」は、「オーダー日」を右クリックして [列] にドラッグし、開いた画面で緑色の「四半期（オーダー日）」を選択するのが便利です。

② [行] にある「合計（売上）」を右クリック > [簡易表計算] > [ランク] を選択します。

③ 計算の方向を指定します。[行] にある「合計（売上）」を右クリック > [次を使用して計算] > [地域] を選択します。

④ ランキングが良いほど上部に位置するよう、軸を反転させます。縦軸を右クリック > [軸の編集] をクリックし、開いた画面で [反転] にチェックを入れます。

これで完成としてもいいですが、ここでは発展形を2つ紹介します。

093

■ ランキングを1から表示する

　作成したグラフは連続フィールドで構成されているため、軸の上部に「0」というランキングが表示されています。フィールドを不連続にすることで、1から始まるチャートに変更します。前ページの手順❹までに作成したグラフに続けて操作してみましょう。

❺ [行] にある「合計（売上）」と [列] にある [四半期（オーダー日）]を、どちらも右クリック＞[不連続] にします。ピルが青色に変わります。

❻ [マーク] カードのマークタイプを [線] に変更し、サイズやラベルを調整します。なお、[マーク]カードの [ラベル] ＞ [フォント] ＞ [マークカラーの一致] で、レベルの色を凡例の色と合わせられます。

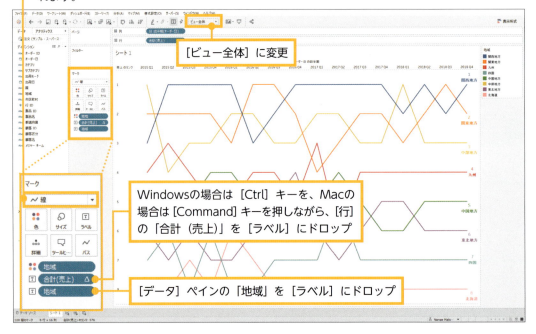

■ 各マークに円やラベルを表示する

　各マークにランキング番号を円でつけたり、イメージ画像をつけたりすることができます。折れ線グラフに円などの形状を重ね合わせるので、二重軸を使います。

　ここでは各マークを円で目立たせ、その中にランキング番号を表示させます。前ページの手順❹までに作成したグラフを加工していきましょう。

❺ [行] にある「合計（売上）」を、Windowsの場合は [Ctrl] キーを押しながら、Macの場合は[Command] キーを押しながら、[行] の「合計（売上）」の右側にドロップして複製します。

❻ [マーク] カードの下側の「合計（売上）」を開き、マークタイプを [円] にします。

⑦ [行] にある右側の「合計（売上）」を、Windowsの場合は [Ctrl] キーを押しながら、Macの場合は [Command] キーを押しながらドラッグして、[マーク] カードの [ラベル] にドロップします。

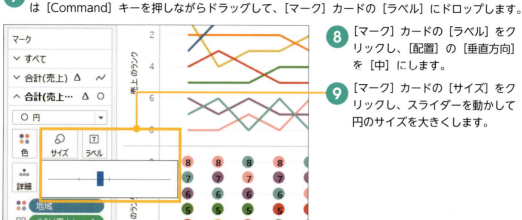

⑧ [マーク] カードの [ラベル] をクリックし、[配置] の [垂直方向] を [中] にします。

⑨ [マーク] カードの [サイズ] をクリックし、スライダーを動かして円のサイズを大きくします。

⑩ [行] にある右側の「合計（売上）」を右クリック > [二重軸] をクリックします。

⑪ 右の軸を右クリック > [軸の同期] をクリックします。

⑫ 左の軸を右クリック > [ヘッダーの表示] をクリックします。

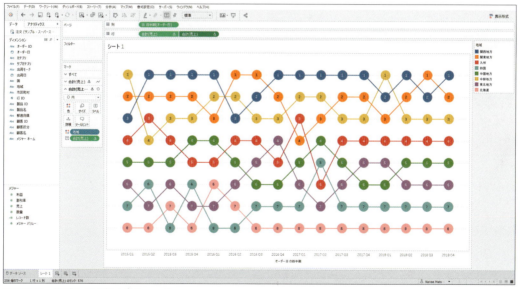

図2.5.7 作成したバンプチャート

095

地図

地理的なデータを、位置をふまえて表現するときは、地図で表現するのが最適です。データ自体が緯度・経度の情報をもっていない地理情報であっても、地図上に簡単にマッピングできます。
地理的な関係性を表す必要がない場合は、単純に大小比較がしやすい棒グラフ等のほうがわかりやすいので、目的を考えてチャートタイプを選ぶといいでしょう。

2.6.1 シンプルなマップ

　ここでは、地図上に地理的なデータをマッピングする方法を扱います。既存顧客の住所をマッピングして新規に出店する場所を検討したり、顧客企業の所在地をマッピングして営業担当者が訪問する目的地や順序を選定したり、地図情報を地図上に表すだけでも有用なデータとなることがあります。
　地理的なフィールドにTableauがもつマップデータを割り当てて地図上に表示する方法を扱います。データに用意した緯度・経度を使って地図上に表示することもできます。

■ 地理的なフィールドからマッピング

　データが地理的なフィールドをもっていたとしても、それぞれの場所に対する緯度・経度の情報をもち合わせていないことのほうが多いものです。その場合でも、Tableauがもつマップデータに基づいて緯度と経度の値を割り当て、地図に表示させることができます。日本に関してTableauが用意しているマップデータは、国、都道府県、市区町村、郵便番号です。
　ここでは「売上」があった都道府県、次に市区町村を地図上に表します。
　地理的なフィールドに「地理的役割」を付与することによって、Tableauがもつマップデータを参照してマッピングできるようにします。まずは「国」に「地理的役割」を付与します。

❶ ［データ］ペインの「国」を右クリック ＞［地理的役割］＞［国/地域］を選択します。「国」の左側のアイコンが地球儀⊕に変わります。

❷ ［データ］ペインの「国」をダブルクリックします。［マーク］カードの［詳細］に「国」が入ります。

ここで、［列］に「経度（生成）」、［行］に「緯度（生成）」が入っているのを確認しましょう。Tableauのマップサーバーを参照して、接続したデータソースにはないフィールドを生成して利用していることを意味します。

インターネットに接続されていれば、背景に地図が表示されます。地図が表示できない環境でも、データのプロットは表示されます。なお、日本周辺のオフラインマップ機能は用意されていません。

❸「都道府県」に地理的役割を付与し、マッピングします。［データ］ペインの「都道府県」を右クリック ＞［地理的役割］＞［都道府県/州］をクリックし、続けて［データ］ペインの「都道府県」をダブルクリックします。

❹「市区町村」に地理的役割を付与し、マッピングします。［データ］ペインの「市区町村」を右クリック ＞［地理的役割］＞［市区町村］（または［郡］を）クリックし、続けて［データ］ペインの「市区町村」をダブルクリックします。

❺ マークを［円］ではない別の形状に変えてもいいでしょう。変更するには［マーク］カードのマークタイプを［四角］や［形状］にします。［形状］では、色々な図形を選択できるようになります。

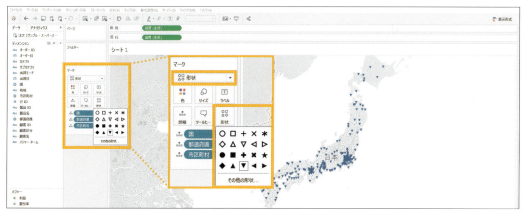

「都道府県」を入れずに「市区町村」だけを入れると、ビューの右下に「1カ所が不明」などと表示されることがあります。そこで、「1カ所が不明」を右クリック ＞［場所の編集］を選択すると、右図の例では「松前町」が赤字で「あいまい」と表示されています。松前町は複数の都道府県に存在するので、一意に定まらなかったのです。こうしたことを避けるためにも、市区町村レベルでマッピングするときは、都道府県のフィールドをもつことをおすすめします。

097

■ 地図の操作方法

地図を操作するには左上にあるビューツールバーで行います。

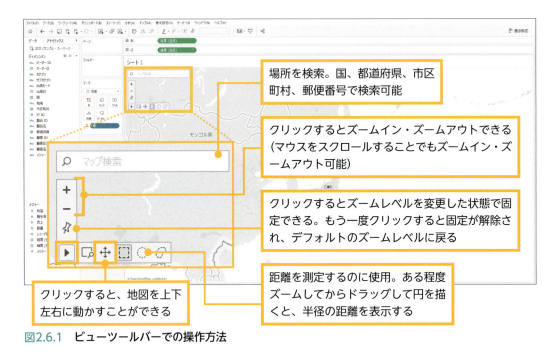

図2.6.1　ビューツールバーでの操作方法

2.6.2 比例シンボルマップ（円と色で表現するマップ）

マッピングするだけでなく、地図上には各地点がもつ情報を付加できます。たとえば円の大きさと色を使うと、2つのフィールド情報を表現できます。

ここでは都道府県ごとの「売上」と「利益」を地図上に表します。➡2.6.1の❸までに作成したものに手を加えていきましょう。「都道府県」でマッピングされた状態のはずです。

❶ ［データ］ペインから「売上」を［マーク］カードの［サイズ］に、「利益」を［色］にドロップします。

❷ ［マーク］カードの［サイズ］や［色］でサイズや色を調整します。円が重なるときは、［円］をクリックして［不透明度］を下げ、［枠線］を薄いグレーなどに設定すると見やすくなります

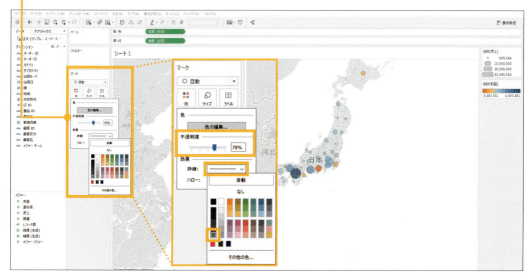

各地がもつ情報を付与でき、大阪府は売上も利益も大きく、静岡県は売上は小さくないですが赤字であることがわかります。

2.6.3 色塗りマップ

地点を表すだけでなく、領域に色を塗る色塗りマップでも表現できます。本節でここまで紹介した「ポイントを表すマップ」はより多くの細かいデータを表すのに適していますが、色塗りマップは「境界を見せながら表せる」という利点があります。担当営業地域やエリアごとの実店舗の有無などを表す場面で使えます。

ここでは「都道府県」や「地域」に分けつつ、「利益」を色で塗って表します。いずれも、▶2.6.1の❸までに作成したものに手を加えていきましょう。

■ 利益（メジャー）で色塗り

都道府県ごとに色で「利益」の状態がわかるようにしてみます。［データ］ペインから「利益」を［マーク］カードの［色］にドロップするだけです。Tableau Desktopではマークタイプは自動的に［マップ］に変更されます。Tableau Server・Tableau Onlineの場合は、［マーク］カードのマークタイプを［マップ］に変更します。

ビューに「都道府県」が入っているので「都道府県」で線が分かれ、区分が明確になります。

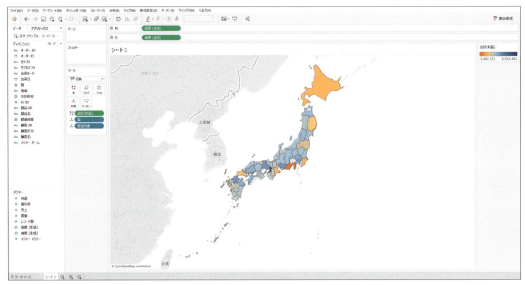

図2.6.2 「都道府県」ごとに「利益」で色塗りした地図

■ 地域（ディメンション）で色塗り

地域単位を色でわかるようにしてみます。[マーク] カードのマークタイプを [マップ] に変更し、[データ] ペインから「地域」を [色] にドロップするだけです。

ビューに「都道府県」が入っているので、「都道府県」で線が分かれつつ、色で「地域」の区分が明確になりました。

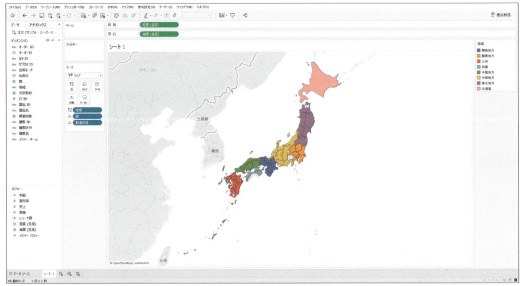

図2.6.3 「地域」ごとに色塗りした地図

「市区町村」で色塗りマップを行うとき、地理的役割は［郡］を指定する必要があります。［郡］ではなく［市区町村］を指定したときは、ポイントの表示は可能です。地理的役割で［郵便番号］を付与した場合、同じビルに複数の郵便番号が存在するといった現状の仕組みでは色塗りさせることが難しいため、ポイントのみ表示できます。

2.6.4 密度マップ

密度マップとは一般的にはヒートマップと呼ばれるもので、マークの重複の多さを、色のグラデーションで表すものです。マーク数が多いとき、密集部分を特定するのに有効な表現方法です。

❶ ここでは、⤷2.6.1の❹までに作成したものに手を加えていきます。［マーク］カードのマークタイプを［密度］に変更します。密度マップに変わります。

❷ ［マーク］カードの［色］をクリックし、開いた画面で［色］を選択します。通常のカラーパレットに加え、密度用のカラーパレットが用意されています。

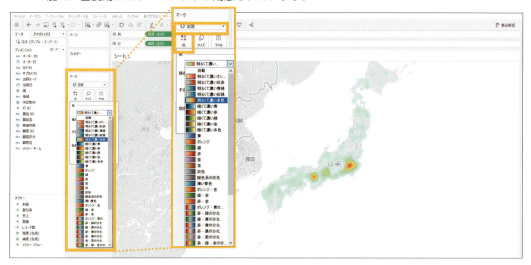

 密度の［色］メニューには［濃淡］という項目があります。濃淡度が高いほど、パレットの右側の色味が強くなります。

2.6.5 二重軸マップ（レイヤーマップ）

　地図上で2つのマップを重ねて表示させるのが二重軸マップです。担当地域の色塗りマップと売上の円のマップを重ねて表示したり、人口の色塗りマップとカテゴリごとの数量の円グラフなどを重ねて表示したりするときに使います。背景となる色塗りマップは、別に地図を用意するほどではない、参考程度に見せたい追加情報を表すときに使います。

　ここでは都道府県ごとに、顧客区分別の売上を配分した円グラフ、数量を色塗りマップとして重ね、地域ごとにフィルターをかけて表します。

① ここでは、➡2.6.1の❸までに作成したものに手を加えていきます。［データ］ペインの［列］の「経度（生成）」を、Windowsの場合は［Ctrl］キーを押しながら、Macの場合は［Command］キーを押しながらドラッグして、［列］にある「経度（生成）」の右側にドロップして複製します。

② ［マーク］カードの上側の「経度（生成）」を開き、［データ］ペインから「数量」を［色］にドロップします。

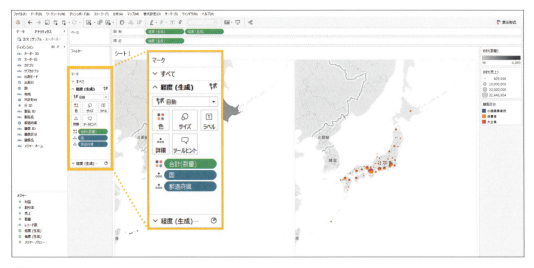

③ ［マーク］カードの下側の「経度（生成）」を開き、マークタイプを［円グラフ］に変更します。

④ ［データ］ペインから「売上」を［マーク］カードの［サイズ］に、「顧客区分」を［色］にドロップします。

⑤ ［列］の右側の「経度（生成）」を右クリック＞［二重軸］を選択します。

⑥ ［フィルター］に［データ］ペインから「地域」をドロップし、開いた画面で表示する地域を選択します。ここでは「関西地方」を選択しています。

⑦ ［マーク］カードで［色］と［サイズ］を調整します。二重軸マップの背景となる色塗りマップ（ここでは［マーク］カードの上側の「経度（生成）」）はグレーのグラデーションにして、不透明度を調整すると見やすくなります。

参考情報として「数量」を背景色の濃さで表しながら、「都道府県」ごとの売上と「顧客区分」ごとの配分を表すことができました。売上が大きい都道府県は数量も多く、都道府県によって顧客区分の割合は異なるようです。

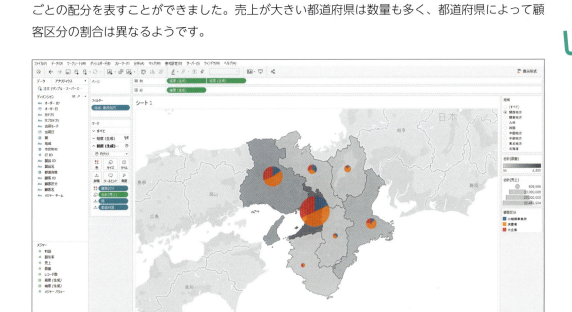

図2.6.4　作成した二重軸マップ

集計表

Tableauはビジュアル表現が得意な製品です。数字を羅列するよりもグラフや地図でビジュアルに表したほうがインサイトを発見しやすく、発見までのスピードも加速します。一方、集計表は、詳細の値を確認したいときや、集計表に慣れ親しんだ人にも違和感を少なく見せたいときには有効です。ダッシュボードでビジュアル要素の近くに並べて表示してもいいでしょう。また、複雑なロジックの計算フィールドを作成してその値を確認したいときや、簡易的に集計結果を知りたいときなどにも使います。ここではクロス集計表を紹介した後、クロス集計表にビジュアル要素を加えた表を紹介します。

2.7.1 クロス集計表（テキストテーブル）

　クロス集計表は、計算結果を表形式で表した最もシンプルな表です。メジャーをドロップする場所がグラフと異なるので気をつけましょう。ここでは「カテゴリ」と「サブカテゴリ」、「顧客区分」をクロスで、「売上」と「利益」、「数量」を一覧表で表し、各項目の合計も表示してみます。

　まず、「売上」と「利益」、「数量」の全体の値を表示します。

① [データ] ペインから「売上」を [マーク] カードの [テキスト] もしくは、ビュー中央の白いスペースにドロップします。

② [データ] ペインから「利益」を売上が表示されている数字の上にドラッグし、黒い枠線で数字が囲まれ、[表示形式] というアイコンが出てきたところでドロップします。

　[表示形式] 機能を、画面右上のリストからではなくビューで使用しました。こうすると [行]、[テキスト]、[フィルター] に「メジャーネーム」と「メジャーバリュー」が自動で入ります。ユーザー自身が「メジャーネーム」と「メジャーバリュー」をドラッグして構築するよりも、簡単に素早く整えることができます。[フィルター] によってメジャーネームのうち「売上」と「利益」だけに絞られ、それらのメジャーは [メジャーバリュー] のシェルフ内で集計方法が指定されています。

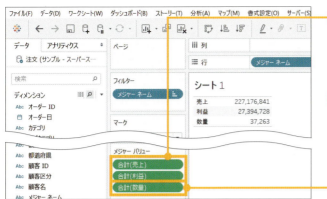

③ [メジャーバリュー] シェルフで「合計（利益）」と「合計（売上）」をドラッグして順番を変え、「合計（売上）」を上にします。

④ [データ] ペインから「数量」を [メジャーバリュー] シェルフにドロップします。

MEMO ビューで表示されたクロス集計上で、ヘッダーの「売上」と「利益」の文字をドラッグして入れ替えることもできます。

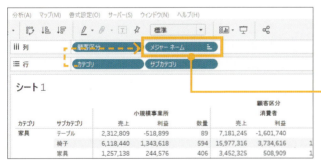

⑤ [データ] ペインから「カテゴリ」と「サブカテゴリ」を [行] に、「顧客区分」を [列] にドロップします。

⑥ 3つのメジャーが横に並ぶようにします。[行] にある「メジャーネーム」を [列] の「顧客区分」の右にドロップします。

⑦ 表の右側と下側に総計を表示します。[アナリティクス] ペインから [合計] を集計表の上にドラッグし、[行総計] にドロップします。再度 [合計] を集計表の上にドラッグし、今度は [列総計] にドロップします。同様にしてさらに [合計] を [小計] にもドロップします。

　これでクロス集計表の完成です。この例の場合、[行] には2つのディメンションが入っているので、1つ目の「カテゴリ」レベルでも [合計] を表示できるのです。

図2.7.1 作成したクロス集計表

2.7.2 ハイライト表

ハイライト表は、クロス集計表に値の大きさに応じた背景色をつけた表です。クロス集計表に色がついただけで、状況を把握できるスピードが変わることに気づくでしょう。クロス集計をやめていきなりグラフに移行すると抵抗を感じる人が出てきそうな場合、移行期を設けてハイライト表をはさむと、グラフにスムーズに移行できることがあります。

ここでは前項で作成したクロス集計表に色をつけて表します。1つのメジャーを元に色をつける手順と、それぞれのメジャーで色をつける手順を紹介します。

■ 1つのメジャーで色をつける

利益の大きさに応じた背景色をつけてみましょう。前項で作成したクロス集計表を加工していきます。

① [データ] ペインから「利益」を [マーク] カードの [色] にドロップします。

② [マーク] カードのマークタイプを [四角] にします。

「合計」や「総計」を除いて、背景色が変化しました。テーブル、特に消費者に販売したテーブルの利益が悪いことが瞬時にわかります。

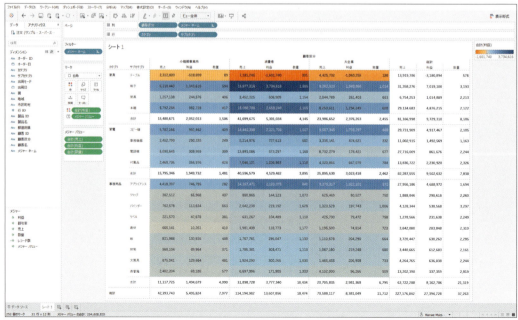

図2.7.2 作成した利益の大きさで色をつけたハイライト表

■ それぞれのメジャーで色をつける

「売上」と「利益」、「数量」のそれぞれの大きさで背景色をつけます。メジャーが多いと煩雑になるので、最大でも3つまでに抑えましょう。図2.7.2のハイライト表を加工していきます。

❶ [データ] ペインから「メジャーバリュー」を [マーク] タイプの [色] にドロップします。

❷ [マーク] カードのマークタイプを [四角] にします。

❸ [色] にある「メジャーバリュー」を右クリック > [別の凡例を使用] をクリックします。

❹ 右上に表示されている色の凡例で、「合計(売上)」、「合計(利益)」、「合計(数量)」の色のグラデーションを1つずつダブルクリックし、色のパレットで色を選択していきます。

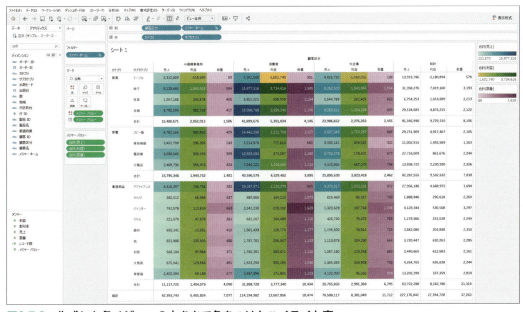

図2.7.3　作成した各メジャーの大きさで色をつけたハイライト表

2.7.3 ヒートマップ

Tableauのヒートマップは、クロス集計表の数字の代わりに四角や円を用い、その大きさと色で表した表です。大きさと色を使えるので2つのメジャーを表現できます。ビジュアルな要素だけ、つまり、視覚的要素だけで表現するものです。なお、一般的な「ヒートマップ」は ◎2.6.4の密度マップで扱います。

ここでは地域ごとに月別の売上と利益の大きさを表します。

❶ [データ] ペインから「売上」を [マーク] カードの [サイズ] に、「地域」を [行] に、不連続の「月（オーダー日）」を [列] にドロップします。

MEMO　不連続の「月（オーダー日）」は、「オーダー日」を右クリックして [列] にドロップし、表示される画面で「月（オーダー日）」を選択すると便利です。

❷ ツールバーのドロップダウンのリストを [ビュー全体] にします。

❸ [データ] ペインから「利益」を [マーク] カードの [色] にドロップします。

❹ 必要に応じて、[マーク] カードのマークタイプを [円] や [形状] に変更します。さらに、[サイズ] や [色] を調整します。

　5月の関西地方は「売上」も「利益」も大きいことや、6月の中部地方は「売上」は大きいものの「利益」が出ていないことがすぐに把握できます。
　クロス集計とヒートマップを比較すると、ビジュアル要素によって受ける印象とインパクトが違うことを体験できます。

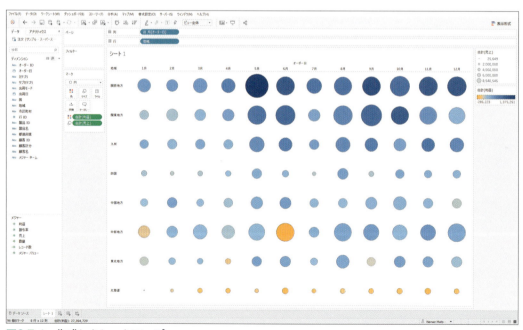

図2.7.4　作成したヒートマップ

データの整備

本章では、チャートを作成する前段階でどのようにデータに接続するかを説明していきます。単にデータに接続するだけでなく、接続してから複数のデータをまとめたり、データの形を変えたりすることもできます。また、この段階で必要なデータのみに絞っておくと、チャート作成場面での手間を省いたり、パフォーマンス（＝速さ）を上げたりする効果が得られます。

データ接続

図表を作成するには、必ず最初にデータに接続します。ここでは、Tableau Desktop、Tableau Server、Tableau Onlineからデータに接続する方法を紹介します。Tableauは、多くのデータソースに接続できるコネクタを用意しています。このコネクタによって、クリックと必要項目を入力するだけという簡単な操作で、容易に直観的にデータに接続できます。

3.1.1 Tableau Desktopによるデータの接続

　Tableau Desktopでデータに接続するには、起動すると開くスタートページ左側の青い部分にある［接続］から、接続するデータソースの種類を選びます。用意されているデータコネクタは、それぞれのデータソースに最適化されています。

■［ファイルへ］からの接続

　上部にある［ファイルへ］には、Microsoft Excelやテキストファイル（.txtや.csvなど）といった、ファイルとして保存可能なデータソースのリストが並んでいます。［統計ファイル］からSAS、SPSS、Rのファイルを読み込むこともできるので、専門統計ツールのアウトプットも可視化できます。その他、Microsoft Access、PDFファイル、JSONファイル、空間ファイル（シェープファイル）に接続できます。

■［サーバーへ］からの接続

　［サーバーへ］の下部にある［その他］をクリックすると、すべてのコネクタのリストが表示されます。新バージョンがリリースされる度に、コネクタの種類が増えていきます。
　Tableauが提供するコネクタにないデータソースに接続したいときは、データベースに接続するための一般的な方法である［その他のデータベース（ODBC）］を選択してください。［その他のデータベース（JDBC）］や［OData］、［Presto］等を経由できることもあります。
　Web経由でアクセス可能なデータには［Webデータコネクタ］を利用することもできます。ただし、［Webデータコネクタ］を選択した場合は、独自で作成するか、他のユーザーが作成したコネクタを使うことになります。

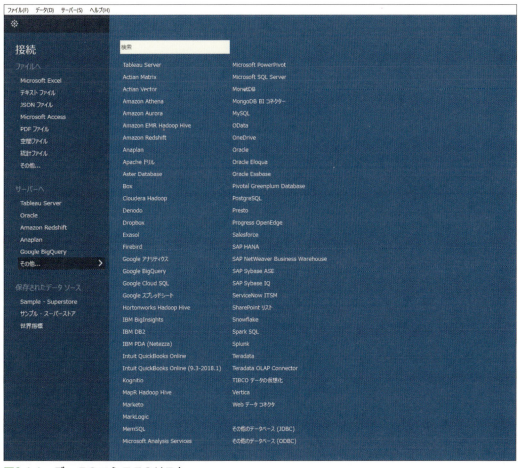

図3.1.1 データのコネクタのリスト

■ ［保存されたデータソース］からの接続

　［保存されたデータソース］をクリックすると、Tableau Desktopをインストールしたときに同梱されたサンプルデータが表示されます。表示されるのは「マイ Tableau リポジトリ」＞「データ ソース」＞「バージョン番号」＞「ja_JP-Japan」以下にある、データソース（.tds）のファイルです。「マイ Tableau リポジトリ」は、デフォルトでは、Windowsだと［ドキュメント］や［マイドキュメント］以下に、Macでは［書類］以下に生成されます。

■ Excelファイルへの接続

　それでは、Tableau Desktopに同梱されたExcelファイルに接続してみましょう。

❶ スタートページから、［ファイルへ］の中の［Microsoft Excel］をクリックします。

111

❷ Windowsでは［ドキュメント］や［マイドキュメント］、Macでは［書類］配下にある、「マイ Tableau リポジトリ」＞「データ ソース」＞「バージョン番号」＞「ja_JP-Japan」にある「サンプル - スーパーストア.xls」をクリックします。

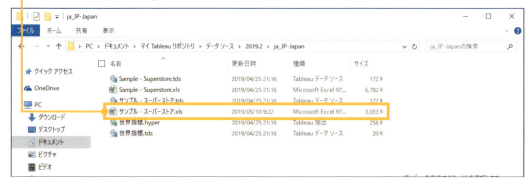

❸ Excelファイル「サンプル - スーパーストア.xls」には3つのシートがあるので、画面の左側にシート名「注文」、「返品」、「関係者」が表示されます。ここでは、「注文」シートを使いたいので、「注文」を［ここにシートをドラッグ］とある場所にドラッグします。

 MEMO ［データソース］タブの［接続］部分には、Excelの場合はシート、テキストファイルの場合は同一フォルダー内のファイル、サーバーの場合はデータベースやスキーマなど、データソースに応じたデータのかたまりが並びます。

　ドロップすると、画面下部にある［データグリッド］に最初の1000行がデフォルトで表示されます。表示されるのを待たなくても［シート］タブに移動して分析を始められます。

COLUMN

テキストデータに接続したとき、ヘッダーの行が正しく認識されないことがあります。その場合は［データソース］タブに移動して、キャンバスに入ったデータソース右側のドロップダウンの矢印［▼］をクリックし、［フィールド名は1行目に含まれている］を選択してください。

112

3.1.2 Tableau Server・Tableau Onlineによるデータの接続

　Tableau Server・Tableau Onlineで、データに接続する方法を紹介します。Tableau Creatorのライセンスをもつユーザーは新しくデータに接続でき、Tableau Explorerのユーザーは Tableau Creatorがパブリッシュしたデータを使うことができます。

表3.1.1　Tableau Server・Tableau Onlineによるデータの接続

タブ	[ファイル]	[コネクタ]	[このサイト上]	[Dashboard Starters]
製品	Server/Online	Server/Online	Server/Online	Online
ライセンス	Creator	Creator	Creator/Explorer	Creator
接続	新規にファイルをアップロード	新規にサーバーへ接続	パブリッシュされたデータソースに接続	新規に接続

　新しくデータに接続するには、[ファイル]から手元にあるファイルをアップロードするか、[コネクタ]からサーバーに接続します。[コネクタ]で表示されるデータソースの種類は、Tableau ServerとTableau Onlineで異なります。

図3.1.2　[コネクタ]で表示されるデータソースの例

　[このサイト上]では、あらかじめパブリッシュされているデータソースに接続できます。
　Tableau Onlineを利用している場合は、[Dashboard Starters]を利用できます。MarketoやSalesforceといったいくつかのデータソースはダッシュボードのテンプレートが用意されているので、接続するだけでダッシュボードが表示されるようになっています。

113

では、→3.1.1で使用したExcelファイル「サンプル - スーパーストア.xls」に接続してみます。

① 新しくワークブックを作成します。[作成] > [ワークブック] をクリックします。

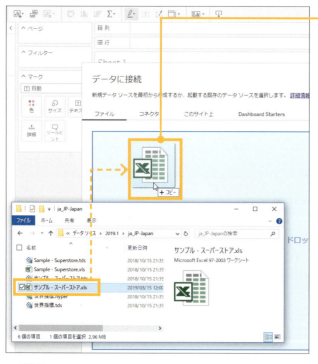

② [ファイル] タブで、「ドロップしてアップロード」に「サンプル - スーパーストア.xls」をドロップします。これ以降は、→3.1.1で紹介したTableau Desktopでの操作と同じです。

MEMO　Tableau Server・Tableau Onlineで新しく接続したデータは、ライブ接続になります。ライブ接続については→3.1.3で説明しています。ファイルへの接続は、アップロードをしているため、この限りではありません。

3.1.3 ライブ接続と抽出接続

データの接続方法には、ライブ接続と抽出接続の2通りがあります。デフォルトはライブ接続です。

図3.1.3 ［データソース］ページの右上で、［ライブ］と［抽出］を切り替えることができる

　ライブ接続は参照元データに都度アクセスするので、リアルタイムのデータを表示します。Tableauで何らかの操作を行うと参照元データにクエリが送られ、Tableauはその結果を受け取って描画します。パフォーマンスは、計算処理を行うデータサーバーの処理速度に依存します。

　一方、抽出接続はデータを圧縮して抽出するので、ある瞬間のデータのスナップショットです。抽出データを更新するとき、Tableau Desktopは手動で行いますが、Tableau Server・Tableau Onlineを組み合わせるとスケジュール実行が可能です。抽出したファイルは、そのコンピューターのメモリに読み込まれます。

　図3.1.3で［抽出］を選択して［シート］タブに移動すると、抽出ファイルの保存場所を問われます。保存場所を指定すると、参照元データから抽出ファイル（.hyper）が生成されます。

［シート］タブの［データ］ペインの左上に示されるデータソース名の左側のアイコンでライブ接続か抽出接続かを簡単に判断できます。ライブ接続のときは1つのデータベースのマーク、抽出接続のときは2つのデータベースのマークで表されます。

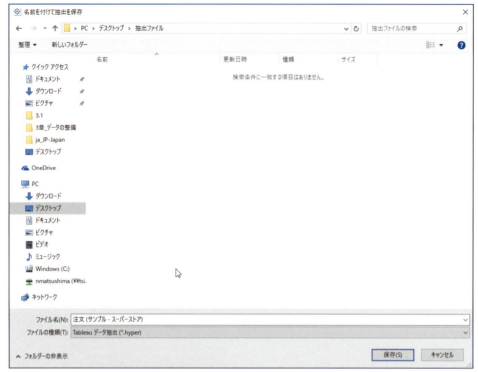

図3.1.4 抽出ファイルの保存場所を指定する

■ ライブ接続と抽出接続の選択基準

　ライブ接続と抽出接続のどちらを選択するべきか判断するには、パフォーマンス（＝速さ）と、データベースへの負荷と、リアルタイムデータを必要とするかを主に考えます。

　多くの場合、パフォーマンスは抽出接続のほうが優れていますが、参照元データサーバーの処理速度が極めて良い場合は、ライブ接続のほうが適しています。抽出接続は分析に必要なデータだけを抽出するなど、データ量を減らす工夫ができることでも速さに貢献できます。

　データベースへの負荷は、抽出接続であれば抽出するタイミングしか負荷がかかりません。一方ライブ接続は、アクセスや操作するたびにデータベースにクエリ（問い合わせ、処理）が投げられるので、負荷がかかります。

　どの程度最新データを必要とするのかも検討します。抽出は15分間隔など頻繁に更新する設定にできますが、コンピューターに負荷がかかる場合があるため、頻繁なデータの更新を求める場合は、ライブ接続にしたほうが賢明かもしれません。

　また、抽出接続によってデータを抽出しておけば、インターネット環境がなくてもデータを利用できたり、抽出データをワークブックに含めてTableau Readerのユーザーに展開したりすることができます。

　なおデータソースによっては、データソース側の制限でどちらかの方法でしか接続できません。

3.1.4 抽出接続のポイント

抽出接続の場合に考慮するべきポイントを抑えておきましょう。

■ 完全更新と増分更新

抽出接続を選択している場合、2回目以降の抽出方法を2通りから選べます。すべてのデータを抽出し直す［完全更新］と、増えた分の新しい行を追加する［増分更新］です。

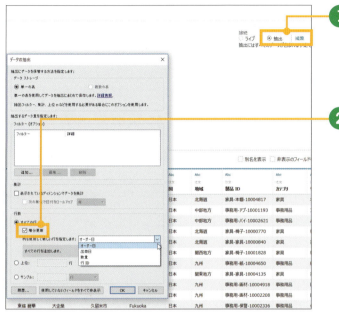

❶ ［データソース］ページの右上で［抽出］をクリックし、その右側の［編集］をクリックします。

❷ ［行数］にある［増分更新］をチェックすると、2回目以降の更新は指定した列を参照し、増えた分の行だけを追加します。たとえば「オーダー日」を指定すると、前回の更新から増えた日付の行のみを抽出ファイルに追加することになります。

　増分更新は、すでに抽出された部分にデータの変更があっても、そのデータは抽出されないことに注意が必要です。よくある運用方法としては、日に一度増分更新を行い、週に一度完全更新を行うなどして、更新の種類とスケジュールを組み合わせます。抽出したデータを更新する時間を短縮し、コンピューターの負荷を減らしつつ、定期的に過去の変更データも取り込めるようになります。

■ 抽出データを減らすコツ

　使うデータだけに絞ってから抽出することで、パフォーマンスの向上や抽出の更新時間を削減する効果が見込めます。データ量を減らすには、列数を減らす、フィルターして行数を減らす、集計して行数を減らす、と大きく3つの方法があります。

　列数を減らすには、［データソース］ページで不要な列のドロップダウン矢印［▼］をクリック＞［非表示］を選択して、その列を非表示にします。非表示にした後に抽出すると、その列は抽

出されません。

　抽出は列ごとに処理されるので、列数を減らすことはパフォーマンス向上に大きな効果をもたらします。

図3.1.5　［データソース］ページで不要な列を非表示にする

　行数を減らすには、フィルターをかけるか、集計を行います。［データソース］ページで画面右上の［抽出］を選択し、その右側にある［編集］をクリックして設定します。
　図3.1.6の例では、［フィルター］で、「オーダー日」の列を参照し、過去36カ月分のみ抽出するよう指定しています。［集計］では、日付まで含まれるデータを［月］ごとに集計してから抽出するよう指定しています。この集計機能は行数を大幅に削減しやすいです。

図3.1.6　［フィルター］と［集計］で行数を減らす

■ **Tableau Desktopで抽出ファイルを更新**

　Tableau Desktopでは、手動で抽出ファイルを更新します。［シート］タブのメニューバーから［データ］＞「データソース名」＞［抽出］＞［更新］をクリックすると、抽出が更新されます。

　一方、［データ］＞「データソース名」＞［更新］をクリックしても、以前作成された抽出ファイルが再度読み込まれるだけで抽出ファイルは更新されません。こちらの方法では新しいデータは表示されないので注意してください。

図3.1.7　［シート］タブで抽出ファイルを更新

Tableau Server・Tableau Onlineを活用すると、抽出ファイルの更新を自動化させることができます。

3.1.5 データソースフィルター

　ライブ接続でも抽出接続でも、データソース全体に対してフィルターがかけられます。［データソース］ページから［シート］タブへの間でフィルターするイメージです。このデータソースフィルターを使うと、データ量が減るのでパフォーマンスの改善が見込め、必要なデータのみに一度に絞れるので利便性があって工数を削減できる、といったメリットがあります。

　［データソース］ページの右上、［フィルター］の下にある［追加］（すでにフィルターを設定している場合は［編集］）をクリックするか、［シート］タブでメニューバーの［データ］＞「データソース名」＞［データソースフィルターの編集］から設定できます。

　他のフィルターと同様、フィールドを指定して必要なデータに絞ることができます。

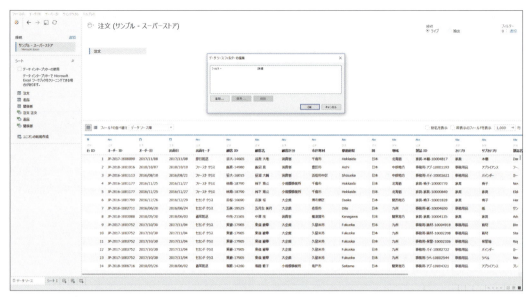

図3.1.8 ［データソースフィルターの編集］画面

120

接続するデータのもち方

よくある分析しづらいデータのもち方に「項目を列ごとにもつ、横に長いデータの形」が挙げられます。ピボット機能を使うと、分析しやすいもち方である縦に長いデータに変換できます。また、データが人間が読み取りやすいように加工されていて、分析しにくいことがあります。データインタープリターの機能を使うと、不要な部分を削除し、必要な部分を補完して、複数の集計表を独立した表とするなど、分析しやすい形に変換できます。

3.2.1 ピボット

　横方向に広がる多くの列で構成されるデータよりも縦方向に広がる多くの行で構成されるデータのほうが、もち方として適していることが多いです。例として図3.2.1と図3.2.2に、月ごとにサブカテゴリごとの販売数量をまとめた表を示します。図3.2.1は年月ごとに列を分ける横方向に広がるデータ、図3.2.2は年月を1列とする縦方向に広がるデータです。

　項目ごとに列を分ける横型のデータを、同じ種類の項目を1列で表す縦型のデータに変換するには、ピボットと呼ばれる機能で一括変換すると便利です。

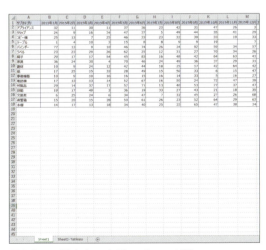

図3.2.1　横方向に広がるデータの例

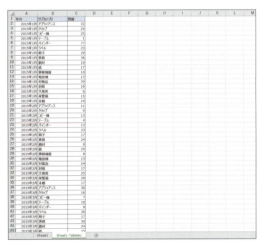

図3.2.2　縦方向に広がるデータの例

　図3.2.1に示したデータに接続し、年月を表す列を指定して、ピボットで図3.2.2に示したデータに変換します。ピボットとは、回転や旋回という意味です。

121

ここでは、本書の付属データを使用します。p.xivの「本書の使い方」をご覧いただき、あらかじめご利用の環境に付属データをダウンロードして、任意の場所に解凍しておいてください。必要なデータは「chapter03」＞「ピボット」以下にあります。

❶ データに接続し、[データシート]ページで横から縦に変換したいフィールドをすべて選択します。この例では年月を表す2列目から右の列をすべて選択しています。

❷ 列が選択された状態で右クリック＞[ピボット]をクリックします。

　これだけの操作で横方向に広がるデータが縦方向に広がるデータになります。必要に応じてフィールド名やデータ型を変更してください。Tableau Server・Tableau Onlineでも操作は同じです。

3.2.2 データインタープリター

　インタープリター（Interpreter）とは、解釈や通訳という意味です。データインタープリターは、人間が読み取りやすいデータを解釈し、Tableauが読み取りやすいデータに変換する機能です。対象は、Excelファイル、CSVファイル、PDFファイル、Googleスプレッドシートです。
　ここでは図3.2.3に示す「2018年地域・カテゴリ別予算.xlsx」を取り込みます。タイトル行が存在し、地域は3つのセルが縦にマージされている状態です。

図3.2.3　2018年地域・カテゴリ別予算.xlsx

122

本書の付属データを使用します。p.xivの「本書の使い方」をご覧いただき、あらかじめご利用の環境に付属データをダウンロードして、任意の場所に解凍しておいてください。必要なデータは「chapter03」＞「データインタプリター」以下にあります。

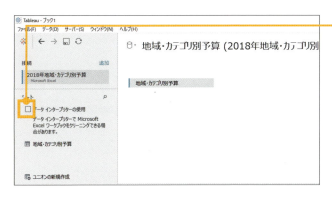

❶ 「2018年地域・カテゴリ別予算.xlsx」に接続します。［データソース］ページで確認すると、フィールド名、1行目、地域列がうまく認識されていません。

❷ 左側にある［データインタープリターの使用］にチェックを入れます。

タイトルが正しく認識され、マージされていたセルにはデータが補完されています。

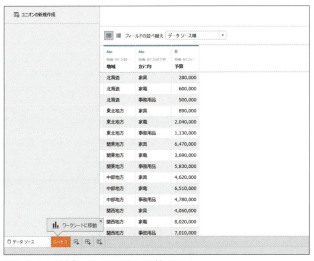

図3.2.4　分析しやすい形に調整された

複数データの組み合わせ

複数のデータ、すなわちExcelのシート、CSVファイル、データベースのテーブルなどを1つのデータにまとめるには2つの方法があります。データを横方向に組み合わせる方法（結合）と、データを縦方向に組み合わせる方法（ユニオン）です。複数のデータを組み合わせたときは、パフォーマンスを考慮してライブ接続ではなく抽出接続を選ぶようにしましょう。

3.3.1 結合

複数のデータを横に並べてまとめる「結合」について説明します。結合がよく使われるデータの組み合わせには、たとえば「どんどん蓄積されるトランザクションデータ」と「多くの場面で共通して使われる基本情報リストとなるマスターデータ」というものがあります。システムにたまっていく売上トランザクションデータと顧客マスターデータを組み合わせて顧客の住む地域ごとに売上分析を行ったり、機械からはきだされる製造トランザクションデータと製品マスターデータを組み合わせて製品の分類ごとに不良率を把握したり、といった使い方をします。

ここでもExcelファイル「サンプル - スーパーストア.xls」を使用して、トランザクションデータである「注文」シートと、マスターデータの返品のオーダーIDリストである「返品」シートを結合し、返品率の四半期別推移を表してみます。

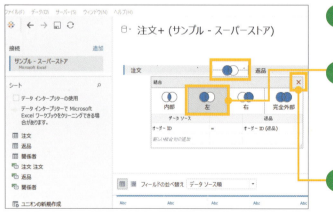

① [データソース] ページで「注文」をドロップし、次に「返品」をドロップします。

② 2つのデータをつなぐ結合ダイアログ（ベン図のアイコン）をクリックし、[左] を選択します。共通の列である結合句が、両方のデータで「オーダーID」になっていることを確認します。

③ 右上の [×] をクリックして画面を閉じます。

④ [シート] タブで、メニューバーから [分析] > [計算フィールドの作成] をクリックします。

⑤ COUNT関数を使い、図を参考にして「返品率」フィールドを作成します。ここでは「すべてのオーダーID数のうち、返品されたオーダーID数の割合」を算出しています。

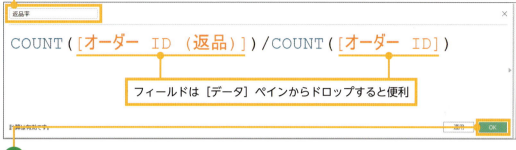

⑥ [OK] をクリックします。

⑦ [行] に「返品率」をドロップします。

⑧ [列] に「オーダー日」を右クリックしながらドラッグし、緑色をした連続の「四半期（オーダー日）」を選択して [OK] をクリックし、画面を閉じます。

⑨ [アナリティクス] ペインの [傾向線] をグラフ上にドラッグし、[線形] にドロップします。

注文と返品のデータから、四半期ごとの返品率推移が出せました。

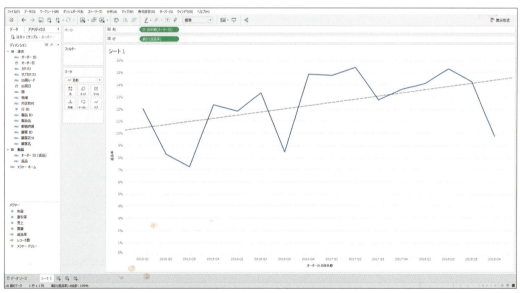

図3.3.1　作成した四半期ごとの返品率推移のグラフ

■ 結合句と結合タイプについて

手順❷では結合句と結合タイプを入力しています。

結合句は、2つのデータをつなげるときに参照したい、共通する列のことです。データの組み合わせによっては、2つ以上の結合句を入力する必要があります。ここで紹介した例では「注文」データと「返品」データを、両方のデータに共通している「オーダーID」列で組み合わせる必要があります。

結合タイプは、2つのデータをどのように組み合わせるかを指定するものです。Tableauではベン図のアイコンを使って簡単に指定できます。

ここでは返品率を知りたいので、すべての注文データを取り入れるため、[左] 結合を選択しました。左側、すなわち「注文」シートのデータをすべて取り込み、返品された「オーダーID」の横に「返品」シートのデータが含まれることになります。

デフォルトの [内部] 結合を選択すると、2つのデータに共通して存在する行だけが含まれ、片方にしかない項目の行は含まれません。今回の例で [内部] 結合を選択すると、「返品」シートにあるオーダーIDのみ含まれるので、返品された注文データの分析ができます。

画面下側のデータグリッド（データのプレビュー）で、返品されたオーダーIDが確認できます。

図3.3.2　データグリッドを見ると、返品されたオーダーIDを確認できる

結合の詳細については、データベースの専門書籍などを参考にしてください。

結合句で指定する2つのフィールドのデータ型は同じである必要があります。よくあるのは、IDで指定するときに「数値」型と「文字列」型で異なっていたり、日付で指定するときに「日付」型と「日付時刻」型で異なっていたり、データ型が一致しないというものです。そうした場合は項目が一致しないので、データグリッドにはフィールド名しか表示されず、データの中身を表すエリアは空白になります。

■ 異なるデータソース上のデータを結合するクロスデータベース結合

先ほどは同じExcelファイルにある複数のシートを結合しましたが、異なるデータソースをTableau上で結合する、クロスデータベース結合も簡単に行うことが可能です。たとえば、トランザクションデータはデータベースに入っているものの、マスターデータは手元のパソコンにExcelファイルでもっているといった場面で有効です。

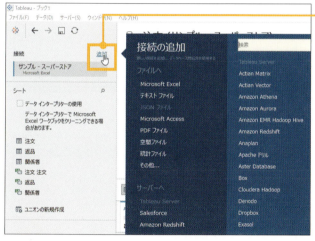

❶ 1つ目のデータソースに接続してから、[接続]の右側の[追加]をクリックし、異なるデータソース（2つめのデータソース）に接続します。

❷ 接続したい表をドロップし、結合句と結合タイプを指定します。

Tableau側で結合するべきか、データ側で結合した表を用意するべきかは、それぞれの特徴を押さえて判断しましょう。
Tableau側で結合するメリットは、各自が自由に柔軟に結合できることです。ただし、パフォーマンスの観点から、抽出接続が推奨されます。
データ側で用意しておくメリットは、各自が複数の表やその結合の仕方を考える必要がなく、パフォーマンス改善にも役立つことです。

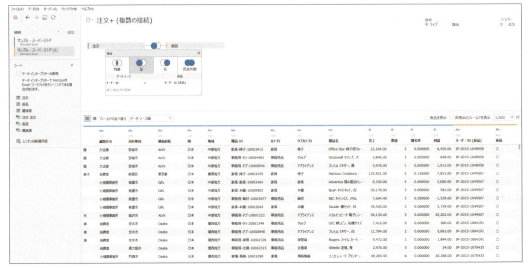

図3.3.3　異なるデータソースを結合した場合

3.3.2 ユニオン

　複数のデータを縦に並べてまとめる「ユニオン」を扱います。別々のデータにある、名前とデータ型が同じフィールドの行を下に追加していく動きをします。ユニオンが使われるデータの例としては、毎月増えていく売上データ、工場ごとに分かれている不具合件数データなどが挙げられます。

　データに接続して、左側下部に［ユニオンの新規作成］というオプションが表示されていれば、ユニオンがサポートされています。たとえば、Excelファイル内の複数のシート、同じフォルダーに入っているテキストファイル、同じAmazon Redshiftデータベース・スキーマ内の表などでユニオンを使えます。

　本書の付属データを 使用します。p.xivの「本書の使い方」をご覧いただき、あらかじめご利用の環境に付属データをダウンロードして、任意の場所に解凍しておいてください。必要なデータは「chapter03」＞「ユニオン」以下にあります。

　ここでは、

・「ユニオン」フォルダーに2016年、2017年、2018年の売上データ（.csv）が入っている
・「ユニオン」フォルダーの中にあるサブフォルダー「2015年売上」には2015年の各月の売上データ（.csv）が入っている

とき、すべての売上データを縦に1つにまとめてみます。

128

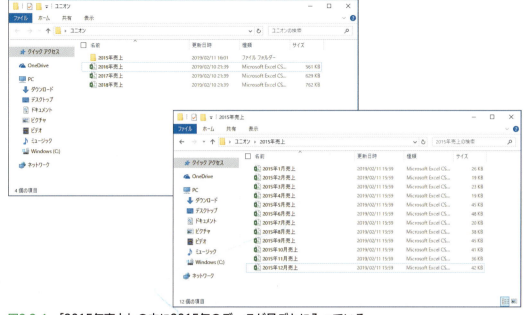

図3.3.4 「2015年売上」の中に2015年のデータが月ごとに入っている

　ユニオンには、手動で複数データを指定する方法と、データの名前で条件を指定するワイルドカードという方法があります。

■ 手動のユニオン

　同一のフォルダー内にある2016年、2017年、2018年の売上データをユニオンで1つにまとめます。なお、手動では、サブフォルダーにある2015年のデータを指定することはできません。

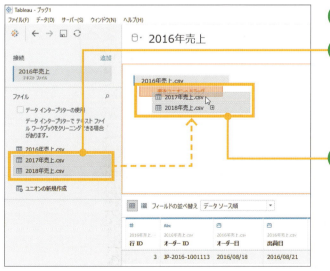

1　「2016年売上.csv」に接続します。

2　Windowsでは［Ctrl］キーを押しながら、Macでは［Command］キーを押しながら「2017年売上.csv」と「2018年売上.csv」を選択し、「2016年売上.csv」の下にドラッグします。

3　［表をユニオンへドラッグ］と表示されるので、濃いオレンジになったらドロップします。

なお、Tableau Server・Tableau Onlineでファイルに接続するときは、複数ファイルをすべてドロップしてアップロードする必要があります。

図3.3.5　Tableau Server・Tableau Onlineの場合

■ ワイルドカードのユニオン

　ワイルドカードとはあいまい検索のことで、ワイルドカードのユニオンでは、指定したパターンにあてはまるデータすべてを対象として、ユニオンできます。ユニオン対象のデータが新しく追加された場合、Tableauが次に読み取るタイミングで自動的に新しいデータを追加する運用ができます。

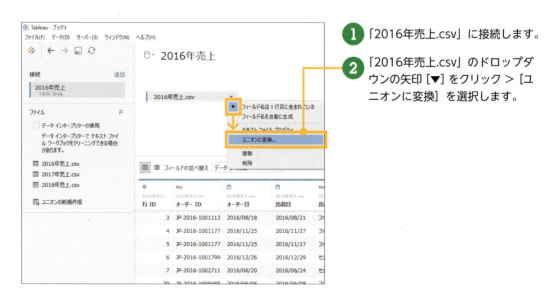

❶「2016年売上.csv」に接続します。

❷「2016年売上.csv」のドロップダウンの矢印［▼］をクリック ＞［ユニオンに変換］を選択します。

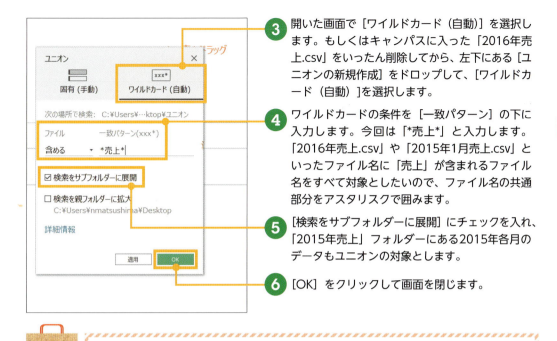

❸ 開いた画面で［ワイルドカード（自動）］を選択します。もしくはキャンバスに入った「2016年売上.csv」をいったん削除してから、左下にある［ユニオンの新規作成］をドロップして、［ワイルドカード（自動）］を選択します。

❹ ワイルドカードの条件を［一致パターン］の下に入力します。今回は「*売上*」と入力します。「2016年売上.csv」や「2015年1月売上.csv」といったファイル名に「売上」が含まれるファイル名をすべて対象としたいので、ファイル名の共通部分をアスタリスクで囲みます。

❺ ［検索をサブフォルダーに展開］にチェックを入れ、「2015年売上」フォルダーにある2015年各月のデータもユニオンの対象とします。

❻ ［OK］をクリックして画面を閉じます。

> ［一致パターン］の下に何も記入しないと、ユニオン可能なデータすべてを含めることになります。今回の場合は何も記入しなくても結果は同じです。

■ データによってフィールド名が異なるときはマージ機能を利用

データによって、フィールド名が異なる場合がありますが、フィールド名が異なるとうまくユニオンできません。データ側でフィールド名を揃えて接続し直してもいいですが、Tableau上で同じフィールドだと認識させるマージ機能を利用すると便利です。

❶ 同一のフィールドとしたいフィールドを複数選択します。

❷ フィールド名を右クリック＞［一致していないフィールドをマージ］を選択します。

131

オーダー日 & 受注日	Path	オーダー ID	カテゴリ	サブカテゴリ	割引率	顧客 ID	顧客区分	顧客名	行 ID	国	市区町村	出荷モード
2015/10/16	ユニオン/2015年売上/2…	JP-2015-1040406	家具	椅子	0.400000	-19,345	大企業	平川 鐵	93	日本	飯塚市	通常配送
2015/10/15	ユニオン/2015年売上/2…	JP-2015-1069945	事務用品	保管箱	0.000000	-21,715	小規模事業所	梅崎 愛子	154	日本	八代市	セカンド クラス
2015/10/26	ユニオン/2015年売上/2…	JP-2015-1301641	家電	電話機	0.000000	-21,415	消費者	織村 隆	597	日本	名張原市	通常配送
2015/10/12	ユニオン/2015年売上/2…	JP-2015-1274876	事務用品	アプライアンス	0.000000	-10,870	消費者	伝田 哲也	749	日本	福山市	通常配送
2015/10/12	ユニオン/2015年売上/2…	JP-2015-1274876	事務用品	保管箱	0.000000	-10,870	消費者	伝田 哲也	750	日本	福山市	通常配送
2015/10/12	ユニオン/2015年売上/2…	JP-2015-1274876	家電	電話機	0.000000	-10,870	消費者	伝田 哲也	751	日本	福山市	通常配送
2015/10/14	ユニオン/2015年売上/2…	JP-2015-1152562	事務用品	アプライアンス	0.000000	-17,740	消費者	岩崎 彩乃	858	日本	東村山郡中山町	通常配送
2015/10/14	ユニオン/2015年売上/2…	JP-2015-1152562	事務用品	封筒	0.000000	-17,740	消費者	岩崎 彩乃	859	日本	東村山郡中山町	通常配送
2015/10/14	ユニオン/2015年売上/2…	JP-2015-1152562	事務用品	保管箱	0.000000	-17,740	消費者	岩崎 彩乃	860	日本	東村山郡中山町	通常配送
2015/10/04	ユニオン/2015年売上/2…	JP-2015-1444252	家電	電話機	0.000000	-21,160	大企業	蘇武 真一	874	日本	髙槻市	セカンド クラス
2015/10/04	ユニオン/2015年売上/2…	JP-2015-1444252	家電	付属品	0.000000	-21,160	大企業	蘇武 真一	875	日本	髙槻市	セカンド クラス
2015/10/08	ユニオン/2015年売上/2…	JP-2015-1453471	事務用品	アプライアンス	0.000000	-19,825	消費者	池尻 蓮	915	日本	宮崎市	通常配送
2015/10/08	ユニオン/2015年売上/2…	JP-2015-1453471	家電	事務機器	0.000000	-19,825	消費者	池尻 蓮	916	日本	宮崎市	通常配送
2015/10/14	ユニオン/2015年売上/2…	JP-2015-1489074	家具	椅子	0.400000	-11,305	小規模事業所	吉谷 翔	965	日本	松戸市	セカンド クラス
2015/10/14	ユニオン/2015年売上/2…	JP-2015-1489074	事務用品	バインダー	0.400000	-11,305	小規模事業所	吉谷 翔	966	日本	松戸市	セカンド クラス

図3.3.6 「オーダー日」フィールドと「受注日」フィールドがマージされた

データの保存

接続したデータソースをTableauのファイル形式で保存することができます。データソースとして保存すれば、参照元データへの接続情報や計算フィールド、色の設定などが保存されます。これを共有すれば、同じデータで別のワークブックを作成する際に手間が省けます。なお、大人数に共有する場合は、Tableau Server・Tableau Onlineにパブリッシュする運用が向いています。

3.4.1 データのファイル形式：.tdsと.tdsx

　データソースの保存形式は2種類あります。拡張子が.tdsの「データソース」と、拡張子が.tdsxの「パッケージドデータソース」です。データソースは定義情報のみでデータを含みませんが、パッケージドデータソースはデータを含んで保存します。

図3.4.1　データソースの2種類の保存形式

■ データソース（.tds）

　データソース（.tds）にはTableauで作業した内容が保存されます。データソースの種類、データベースサーバーへのアクセス情報やファイルの場所、計算フィールド、並べ替えや数値形式などの既定のプロパティなどの情報が含まれます。これは、保存時のデフォルトの形式です。
　データそのものは含まないので、データソース（.tds）を開いてからデータソースにアクセスする必要があります。認証資格情報は入力する必要がありますがデータソースの接続情報は保存するので、よく使うデータソースへのショートカットとして活用でき、ファイルサイズやデータ漏えいを心配することなく使えるというメリットがあります。

133

■ パッケージドデータソース（.tdsx）

パッケージドデータソース（.tdsx）は、データソース（.tds）がもつ情報に加えてデータソースをパッケージ化したzipファイルです。含められるデータは、抽出ファイル（.hyper）かファイルベースのデータです。

データソースそのものを含むので、参照元のデータソースにアクセス権がないユーザーに共有する場合や、インターネットがない環境で使用する場合に便利です。

❶ データソース（.tds）やパッケージドデータソース（.tdsx）として保存するには、［シート］タブのメニューバーから［データ］＞「データソース名」＞［保存されたデータソースに追加］をクリックします。

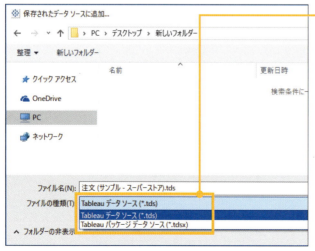

❷ ［ファイルの種類］からファイルの種類を選択します。ファイルベースもしくは抽出ファイルがない場合、パッケージドデータソースを選択してもデータは含まれません。

フィールドの整備

Tableauからデータソースに接続すると、シートの左部にある［データ］ペインに、フィールドが並びます。各フィールドは自動的にデータ型が識別され、メジャーとディメンション、連続と不連続といった役割を付与されます。フィールドをフォルダーで分けたり、親子関係があれば階層を指定したりすることもできます。関数を使って新しい計算フィールドを作成することや、既存のフィールドからグループやセットを使って新しいフィールドを作成することもできます。

データ型の確認と変換

すべてのフィールドは、データ型をもっています。データ型とは数値、文字列、日付などの情報の種類のことです。データソースに接続した時点で、各フィールドのデータ型は指定されますが、変更することもできます。日付のフィールドは形式によって日付型として認識されないことがあるので、特に注意してデータ型が意図通りに指定されているか確認しましょう。

4.1.1 データ型の確認と変更

すべてのフィールドには、何らかのデータ型が割り当てられています。データ型を確認するには、[データソース]ページの中央部に並んだ各フィールドの上、もしくは[シート]の左側にある[データ]ペイン内に並んだ各フィールドの左にあるアイコンを参照します。

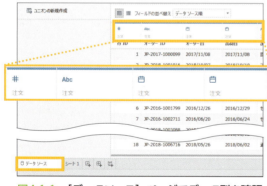

図4.1.1 [データソース]ページでデータ型を確認

図4.1.2 [データ]ペインでデータ型を確認

表4.1.1 データ型とアイコンの種類

アイコン	データ型・データの種類	データ例
#	数値（小数）	1.3, 2.00, 5.39
#	数値（整数）	1, 100, -30
📅🕐	日付と時刻	2018/12/31 12:00:00, 2019-12-1 00:00:00
📅	日付	2018/12/31, 19/1/1, 2019-12-1, 20190101
Abc	文字列	関東地方、家具、本棚
T|F	ブール	0, 1
🌐	地理的役割	北海道,横須賀,1040061,104-0061
⌘	グループ	首都圏、東北圏、近畿圏
.ıl.	ビン	0, 2, 4
	クラスターグループ	クラスター1,クラスター2,クラスター3

　データ型を変更したいとき、データ型が正しく割り当てられていないため修正が必要なとき、別のデータ型に変更できます。

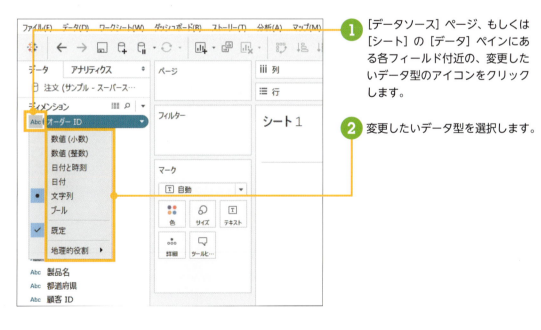

1. [データソース] ページ、もしくは [シート] の [データ] ペインにある各フィールド付近の、変更したいデータ型のアイコンをクリックします。

2. 変更したいデータ型を選択します。

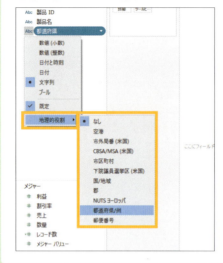

手順❷で地理的役割を付与する場合は、適切な地理レベルを選択します。

[データペイン]の各フィールドを右クリックして、[データ型の変更]や[地理的役割]を選択して変更することもできます。

4.1.2 日付型への変更

　日付を表すフィールドによっては、文字列や数値として識別されることがあります。日付型に変更すると、柔軟な日付の表現やドリルダウンなど、利便性が広がります。次の3つのステップに沿って、日付型に変更しましょう。この4.1.2では、本書の付属データを使用します。p.xivの「本書の使い方」をご覧いただき、あらかじめご利用の環境に付属データをダウンロードして、任意の場所に解凍しておいてください。必要なデータは「chapter04」以下にあります。

■ データ型を[日付]や[日付と時刻]に指定

　データ（4.1.2-1.txt）に接続した時点では文字列型や数値型と認識されていても、[日付]型や[日付と時刻]型に指定するだけで、正しく変更される形式が多いです。

図4.1.3　[文字列]型と[数値（整数）]型に認識されている（左）ので、[日付と時刻]型に変更（右）

■ DATEPARSE関数を利用

データ型を変更するだけでは正しく変換されない場合、DATEPARSE関数を試してみましょう。DATEPARSE関数は、文字列型を日付型に変換するための関数です。

❶ 日付型に変換したいフィールドが文字列型であることを確認します。文字列型でなければ、文字列型に変更します。

❷ DATEPARSE関数は、カンマの前にデータがもつ日付の形式を「"」または「'」で括ってハイフンやスペースを含めて同じように記載し、カンマの後ろに対象のフィールドを指定します。ここでは比較のためにA'、B'という別のフィールドにDATEPARSE関数の使用結果を表示しています。

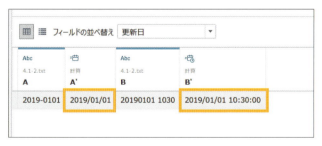

❸ A'は日付型、B'は日付時刻型に変換されました。

MEMO

手順❷で、関数内の「" "」の中には、元のデータのもち方と同様の指定をします。Aの「2019-0101」なら、「yyyy-MMdd」となります。つまり、ここは変換後の表示形式を表すものではありません。
手順❸は日付型として認識された後の表示です。日付型として認識されると、デフォルトでスラッシュ区切りでの表現となります。

ここでは関数についての詳細な説明を省きます。より詳しく知りたい方は、Tableauのヘルプで「関数」や「日付関数」をキーワードに検索してみてください。

DATEPARSE関数が使えないデータベースもあるので注意しましょう。Excel、テキストファイル、Google スプレッドシート、Oracle、MySQL、PostgreSQL、抽出ファイルなどではDATEPARSE関数は使用可能です。使えないデータベースに接続していても、抽出すれば、接続先が抽出ファイルに切り替わるのでDATEPARSE関数が使えるようになります。

DATEPARSE関数で日付の形式を指定するとき、月は大文字のM、分は小文字のmで区別して表現します。

■ 日付型に型変換する関数を利用

上記の2ステップで解決できない場合は、DATE関数、DATETIME関数、MAKEDATE関数、MAKEDATETIME関数といった日付や時刻を扱う関数を使います。その際、関数を使って必要な文字列や数値を抜き出すのがポイントです。

❶ 日付型に変換したいフィールドが文字列型であることを確認します。文字列型でなければ、文字列型に変更します。

❷ DATE関数は、Tableauが日付や日付時刻であると読み取れる形式まで整形してから、関数で日付型にする方法です。ここでは使用していませんが、DATETIME関数も同様です。ここではAとの比較のために、A'という別のフィールドに関数の使用結果を表示しています。

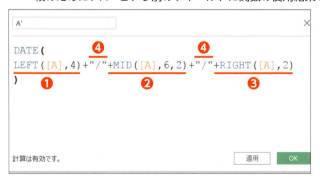

❶LEFT関数でフィールド「A」の左から4文字を抽出（西暦を抽出）
❷MID関数でフィールド「A」の左から6文字目から2文字を抽出（月を抽出）
❸RIGHT関数でフィールド「A」の右から2文字を抽出（日付を抽出）
❹年・月・日を「/」でつなぐ

③ MAKEDATETIME関数、MAKEDATE関数、MAKETIME関数は、年・月・日、時・分・秒などのパーツごとに抽出した値を使って、日付型に変換する関数です。ここではBとの比較のために、B'という別のフィールドに関数❸の使用結果を表示しています。

④ 手順❷と❸で指定した形式で表示されました。

ここでは関数についての詳細な説明を省きます。より詳しく知りたい方は、Tableauのヘルプで「関数」や「日付関数」をキーワードに検索してみてください。

COLUMN

MAKEDATETIME関数の例では、年・月・日などのパーツを文字列のみで指定せず、割り算（/）や余り（%）を使って数値で計算しています。結果は同じでも、文字列より数値で処理したほうが、パフォーマンスが良くなります。遅いと感じたら、文字列計算を数値計算に変えられないか、検討してみましょう。

4.1.3 会計年度の変更

　Tableauで四半期を表示すると、第一四半期が1月から始まります。日本の企業の会計年度は1月ではなく4月始まりのことが多いので、ビューの表示を自社の会計年度に合わせたものに変更したい、という要望はよく聞きます。

　ここで注意しなくてはいけないのが、Tableauはアメリカの製品であるため、会計年度を表すにも日本とは違う、という点です。一般的に会計年度は、アメリカでは年度最終日の年を取りますが、日本では年度初日の年を取ります。この場合、日米でどういった違いが出るのか、会計年

度が4月始まりのときの、2019年8月の会計年度を例に考えてみましょう。

　会計年度が4月始まりのとき、2019年8月が所属する年度の最終日は2020/3/31です。会計年度を表すとき、先ほど述べたようにアメリカでは年度最終日の年を取るので、2019年8月は2020年度となります。一方、会計年度が4月始まりのときの年度初日は2019/4/1なので、日本では2019年8月の会計年度は2019年度となります。よって、月の開始を変更したとき、計算式を書いて対応する必要があります。

　ここでは2015年1月から2019年1月までのデータが含まれる「出荷日」を使って、会計年度が4月始まりかつ年度初日の年で会計年度を表してみます。

■ 年度や月で表す場合

　日にちまでは見ずに、年度や月までで表す場合は、1年をマイナスしたフィールドに対して、4月始まりの設定を行います。

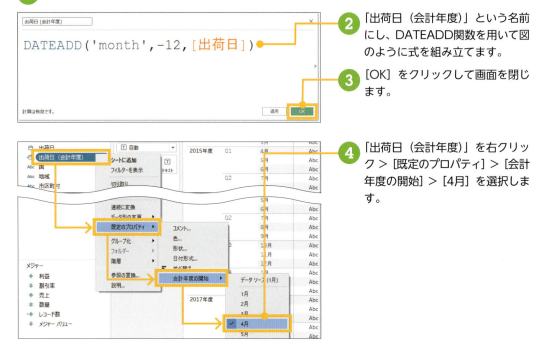

　これで、「2015年1月」は「2014年度Q4」のように、多くの日本企業が採用している会計年度に正しく表示できます。

　この方法は、単純に12カ月をマイナスするものです。このため、日にちレベルまでを表そうとすると、うるう年の2/28と2/29の部分が正しく表示されません。会計年度の表示に日にちレベルまで必要な場合は、次の方法を取り入れます。

■ 年度や月より細かい日付レベルで表す場合

　月より細かい日付レベルを扱うとき、うるう年を考慮する必要があります。年度は計算式で作成し、四半期と月と日は「カスタム日付」の機能を使います。

1 メニューバーから、[分析] > [計算フィールドの作成] をクリックします。

2 「発送日（会計年度）（年）」という名前にし、図のように式を組み立てます。1月～3月は1年マイナスして「年度」表示させ、4月～12月はその年に「年度」表示させるというものです。

3 [OK] をクリックして画面を閉じます。

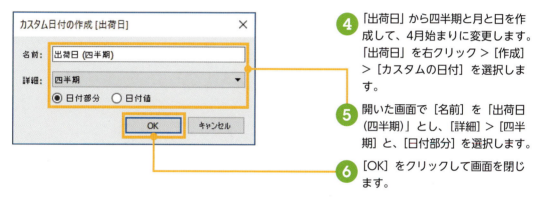

4 「出荷日」から四半期と月と日を作成して、4月始まりに変更します。「出荷日」を右クリック > [作成] > [カスタムの日付] を選択します。

5 開いた画面で [名前] を「出荷日（四半期）」とし、[詳細] > [四半期] と、[日付部分] を選択します。

6 [OK] をクリックして画面を閉じます。

7 同様にして、「出荷日（月）」を作成します。[詳細] > [月] と、[日付部分] を選択します。

8 同様にして、「出荷日（日）」を作成します。[詳細] > [日] と、[日付部分] を選択します。

9 作成した「出荷日（四半期）」、「出荷日（月）」、「出荷日（日）」をそれぞれ右クリック > [既定のプロパティ] > [会計年度の開始] > [4月] を選択します。

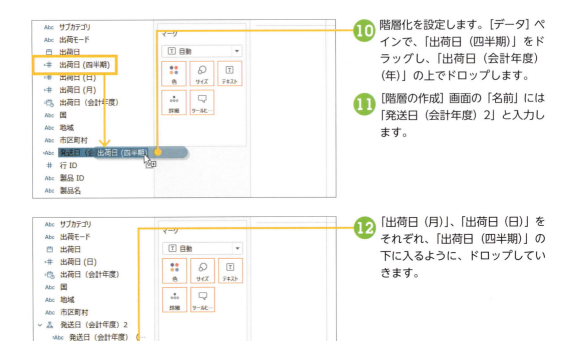

⑩ 階層化を設定します。[データ] ペインで、「出荷日（四半期）」をドラッグし、「出荷日（会計年度）（年）」の上でドロップします。

⑪ [階層の作成] 画面の「名前」には「発送日（会計年度）2」と入力します。

⑫ 「出荷日（月）」、「出荷日（日）」をそれぞれ、「出荷日（四半期）」の下に入るように、ドロップしていきます。

　年度のみ適切に1年ずらし、四半期・月・日はずらさずにパーツとして抜き出したことで、うるう年にも正しく対応させることができるようになりました。

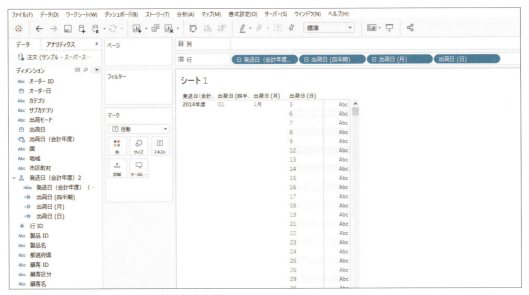

図4.1.4　うるう年に対応した会計年度変更

144

フィールドの理解

データに接続し［シート］に移動すると、［データ］ペインに並ぶフィールドが上部の［ディメンション］と下部の［メジャー］に分かれていることに気づくことでしょう。［ディメンション］にあるフィールドのアイコンの多くが青色、［メジャー］にあるフィールドのアイコンの多くが緑色で表現されています。

4.2.1 メジャーとディメンション

すべてのフィールドはメジャーもしくはディメンションに割り振られます。意図するものとTableauが割り振った識別が異なっていれば、修正してから作業を進めましょう。

図4.2.1　ディメンションとメジャーに割り振られる

メジャーには、合計、平均といった集計ができるフィールドが割り当てられます。［行］や［列］にドラッグすると集計されます。たとえば、売上、数量、長さなどが該当します。

ディメンションには、区分や項目を表すフィールドが割り当てられます。［行］や［列］にドラッグしても、集計はされません。メジャーを分割、切り分ける働きをします。たとえば、ID、名称、日付などが該当します。

各フィールドを確認し、正しいメジャーもしくはディメンションに含まれていなければ、［データ］ペイン上で、ドラッグして変更できます。

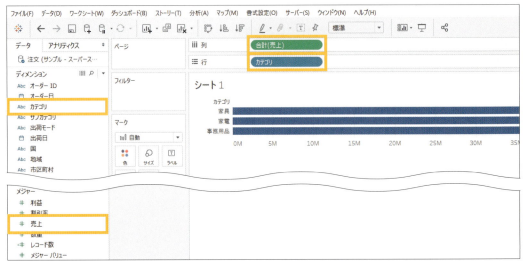

図4.2.2　メジャーのフィールドは集計されるが、ディメンションのフィールドは集計されない

4.2.2 連続と不連続

　すべてのフィールドは、連続もしくは不連続に割り振られます。可視化したい表現によって、連続と不連続を変更しながら使うこともできます。連続と不連続は数学の考え方です。

■ 連続

　連続のフィールドがもつ値は、つながった大小の値です。同じスケール（物差し）上で表現されることをイメージしてください。たとえば、-0.3, 0.1, 100などの値が該当します。［行］や［列］にドラッグすると、縦軸か横軸が生成されます。連続の値をもつフィールドは、データ型を表すアイコンやドラッグしたピルの色が緑色で表示されます。

■ 不連続

　不連続のフィールドがもつ値は、それぞれ別の項目になっていると考えてください。たとえば、東京、埼玉、千葉などの連続した関係がない値が含まれます。1, 2, 3といった数値が入っている場合でも、1組、2組、3組を意味するような値は不連続として捉えます。不連続な値をもつフィールドを［行］や［列］にドラッグすると、ヘッダーが生成されます。不連続な値をもつフィールドは、データ型を表すアイコンやドラッグしたピルの色が青色で表示されます。

146

メジャーは連続の値をもち、ディメンションは不連続の値をもつことが多いですが、必ずしもそうである必要はありません。

メジャーの不連続の例としては、数量をヘッダーとして表したいときが挙げられます。図の「メジャーの不連続の例」では数量を軸で表すのではなく、1, 2, 3といった数字のラベルとしてヘッダーで表したいため、不連続で表現されています。

ディメンションの連続の例としては、図の「ディメンションの連続の例」のように連続的に日付を表したいときが挙げられます。

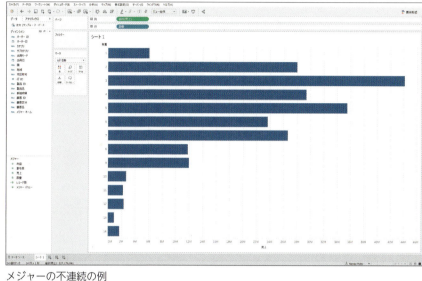

メジャーの不連続の例

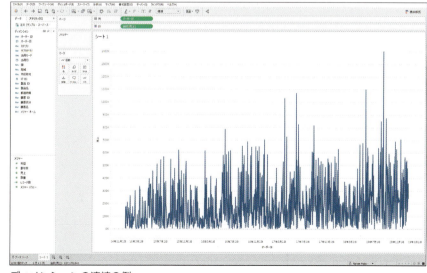

ディメンションの連続の例

4.2.3 メジャーネームとメジャーバリュー

データに接続すると、［ディメンション］の一番下に「メジャーネーム」、［メジャー］の一番下に「メジャーバリュー」というフィールドが必ず存在します。「メジャーネーム」とはメジャーに属するフィールドの名前をまとめたもので、「メジャーバリュー」とはメジャーに属するフィールドの値をまとめたものです。これらを意図的に使うことは少ないのですが、気づいたら使われていた、という場面に遭遇することがあるはずです。このため、これらの意味を理解しておくことは、Tableauの理解に役立ちます。

本書での具体的な利用シーンは、➡2.2.7、2.3.3、2.3.7、2.3.8、2.7.1、2.7.2にあります。ここではドロップして動きを確認してみます。

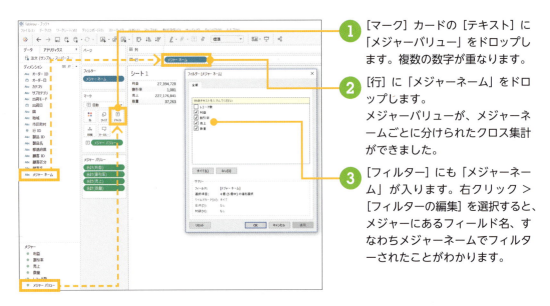

① ［マーク］カードの［テキスト］に「メジャーバリュー」をドロップします。複数の数字が重なります。

② ［行］に「メジャーネーム」をドロップします。
メジャーバリューが、メジャーネームごとに分けられたクロス集計ができました。

③ ［フィルター］にも「メジャーネーム」が入ります。右クリック ＞［フィルターの編集］を選択すると、メジャーにあるフィールド名、すなわちメジャーネームでフィルターされたことがわかります。

［メジャーバリュー］カードが作られます。続けて、フィルターで選択されている［メジャーネーム］の値を、どのように集計するか指定します。「割引率」の集計方法を合計から平均に変更します。

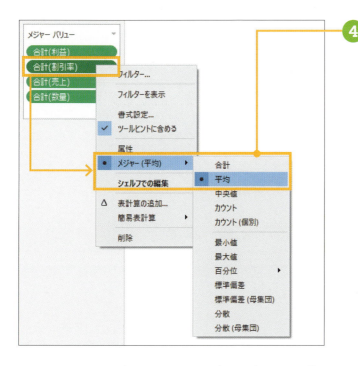

4 「合計（割引率）」を右クリック＞[メジャー（合計）] ＞ [平均] を選択します。

　このように、メジャーネームとメジャーバリューを使うと、メジャーのフィールドごとに、メジャーの値が表示されます。1つのメジャーが入るところに複数のメジャーを入れたいときに使います。

［データ］ペインの整理

［データ］ペインにフィールドが多数並ぶとき、分析しやすいように整理すると操作の効率が上がります。さらにフォルダー分けや階層化の設定をすることで、より使いやすくなります。

4.3.1 フィールドの検索・名前の変更・非表示 TD TS TO TP

［データ］ペインに多くのフィールドが並んでいるときは、目当てのフィールドを検索し、わかりやすい名前に変更し、必要に応じて非表示にすると、作業効率が上がります。

■ フィールドの検索

① ［データ］ペインの上部、［ディメンション］の右側にある［フィールドの検索］アイコン をクリックします。

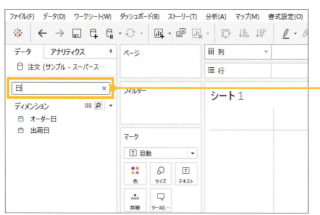

② ボックスにテキストを入力して検索できます。

■ フィールド名の変更と元のフィールド名の確認

元のフィールド名がわかりづらい場合は、フィールド名を変更しましょう。Tableauの中でのみ変更され、接続先のデータのフィールド名が変更されることはありません。

① 名前を変更したいフィールドを右クリック＞[名前の変更]を選択します。

② 「受注日」と入力して、名前を「オーダー日」から「受注日」に変更します。

■ フィールドの表示・非表示の切り替え

分析に不要なフィールドは非表示にすると、一覧に表示されるフィールド数が減るので分析しやすくなります。

① 非表示にしたいフィールドを右クリック＞[非表示]を選択します。この作業はあくまでもフィールドを非表示にするだけであり、保持しているデータフィールドを削除するわけではありません。

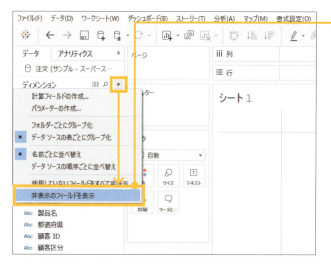

②非表示にしたフィールドを再度表示させるには、[データ]ペインメニューから[非表示のフィールドを表示]を選択します。

③非表示になっているフィールドが半透明で表示されるので、目的のフィールドを右クリックし、[再表示]を選択します。

4.3.2 フィールドのフォルダー管理

　[データ]ペインに多くのフィールドが並ぶと、目当てのフィールドを見つけづらくなります。そういう場合はディメンション、メジャーのそれぞれでフォルダーを作成して管理すると使いやすくなります。

■ フォルダーの作成とフィールドのフォルダーへの移動

①フォルダーとして管理するには、[データ]ペイン メニューから[フォルダーごとにグループ化]を選択します。
デフォルトでは[データソースの表ごとにグループ化]が選択されているので、結合していれば元の表(データソースのかたまり)ごとにまとまります。

152

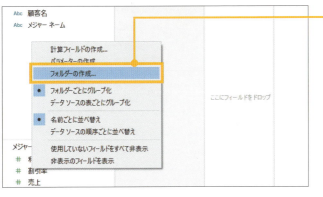

❷ 新たにフォルダーを作成するには、[データ] ペインの空白部分（フィールドがない下部）を右クリック ＞ [フォルダーの作成] をクリックします。

❸ フォルダー名をつけます。

> **MEMO** フォルダーに含めたいフィールドを右クリック ＞ [フォルダー] ＞ [フォルダーの作成] を選択してもフォルダーを作成することができます。

❹ フォルダー内にフィールドをドラッグすると、そのフィールドをフォルダーに含めることができます。

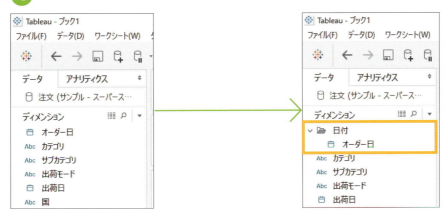

4.3.3 階層

　フィールド間に親子関係があるとき（たとえば都道府県と市区町村のような関係）は、階層を作成しておくと便利です。階層化しておくことで、簡単にドリルダウンやドリルアップができるようになります。また、[データ] ペイン内でもフォルダーのようにまとまるので、フィールドを探しやすくなるというメリットもあります。

　ここでは、「カテゴリ」「サブカテゴリ」「製品名」という3つのフィールドを階層として設定します。

153

① [データ] ペインの中で、階層化させたいフィールド「サブカテゴリ」を、別のフィールド「カテゴリ」の上にドラッグします。

② 階層名をつけて、階層を作成します。ここでは「製品」という階層名にしました。

③ 入力し終えたら [OK] をクリックします。

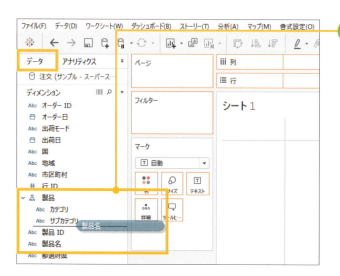

④ [データ] ペイン内で、フィールド「製品名」を、手順②で作成した階層にドラッグします。フィールド「製品名」は一番下の階層にあたるので、フィールド「サブカテゴリ」の下部に黒い線が出たところで入れ込みます。
同様に、階層内のフィールドをドラッグすると黒い線が表示され、任意の順番にフィールドを入れ替えられます。

154

❺ 階層作成後にフィールドをビューに入れると、フィールド名の左側やビューのフィールドラベルに［＋］や［－］が表示されます。
　［＋］をクリックするとドリルダウンして下の階層が、［－］をクリックするとドリルアップして上の階層が表示されます。

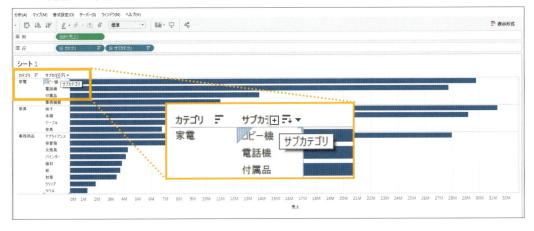

フィールドの作成

元のデータソースがもつフィールド以外に、Tableauの中で新たなフィールドを作ることができます。すでにあるフィールドから計算してフィールドを作成したり、すでにあるフィールドがもつ一部の項目をグループ化したフィールドを作成したり、すでにあるフィールドがもつ一部の項目だけをピックアップしたセットを作成したり、といったことができます。

グループとセットの違いを例で理解しましょう。下図では、サブカテゴリからグループとセットを作成しました。グループは、売上が少ない7つのサブカテゴリを1つの項目にグルーピングしています。セットは、7つの項目とそれ以外をIn/Outとして表現するか、7項目のメンバーだけを抜き出して表現します。

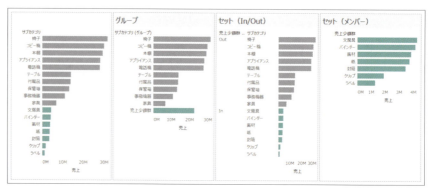

グループとセット

4.4.1 計算フィールドの作成

　分析したいフィールドが元のデータにはない場合、関数を使ってTableauの中で作成することができます。これによって接続先のデータソースに影響を及ぼすことはありません。増減や比率を算出したいとき、判定結果をもたせたいとき、値や項目によってIF文で結果を変えたいときなど、使用用途は多岐にわたります。

　例として、「売上」と「利益」の2つのフィールドから「利益率」という計算フィールドを作成し、顧客ごとの利益を表します。

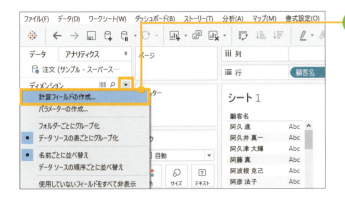

① [データ] ペイン メニューから [計算フィールドの作成] を選択します。メニューバーの [分析] > [計算フィールドの作成] から作成することもできます。

② 計算エディターが表示されます。計算フィールドのフィールド名を入力します。

③ 計算式を入力します。計算式には、[データ] ペインに並ぶフィールド (「利益」など) やビューに入れたフィールド (SUM([利益])など) を計算エディターにドロップすることでも入力できます。

④ 入力し終えたら [OK] をクリックします。メジャーに「利益率」フィールドが生成されます。

⑤ [列] に「利益率」、[行] に「顧客名」を入れれば、顧客ごとの利益率が表現できます。

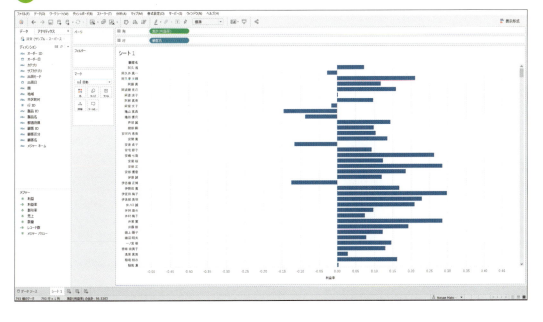

157

COLUMN

上記の例で利益率を算出するときの計算式に注目してください。「[利益]/[売上]」ではなく、「SUM([利益])/SUM([売上])」としています。

SUM関数をつけた理由を考えてみましょう。ここでの目的は顧客ごとの利益率を表すことでした。このため、顧客ごとに、すべての注文の利益の合計（＝SUM）を、売上の合計（＝SUM）で割っています。では、SUMをつけない場合と何が違うのでしょう？ SUMをつけないと、注文ごとに利益を売上で割った結果に対して、平均なり何らかの集計をすることになり、SUMをつけたときと結果が異なります。顧客ごとの利益率を考えるのであれば、SUMをつける考え方が正しいのです。

この違いを下図の例で具体的に確認してみましょう。顧客の一人、安河内 恵美さんは、4回注文しています。利益の合計＝13550円、売上の合計＝131182円から計算すると、利益率は約10％です。しかし、注文ごとに利益率を算出し、その利益率の平均を求めると、約-5％になります。3件目の利益率が大きくマイナスだったので、計算結果に大きな差が出ました。

顧客名	行 ID	売上	利益	[利益]/[売上]
安河内 恵美	6026	3,940	170	4%
	6027	75,690	26,490	35%
	8848	21,910	-14,096	-64%
	8849	29,642	986	3%
総計		131,182	13,550	

安河内 恵美さんの注文履歴

今回の例では、SUMで集計しないと意図した結果を導き出せませんが、算出したい値や条件によっては、集計しないことが正しいこともあります。求めるものを注意深く見極めて計算しましょう。

4.4.2 グループ

　フィールドがもつ項目の一部をグルーピングすると、グループ化されたフィールドが生成されます。グループ化は、関連する項目をまとめるときや、データの揺れ（「バインダー」と「バインダ」など）を修正するときに使います。

　グループの作成は、[データ]ペインで定義する方法と、ビュー内で指定する方法の2通りがあります。

■ [データ] ペインからグループを作成

[データ] ペインからグループを作成すると、すべての項目がリスト表示されるというメリットがあります。検索もできるのでグルーピングしやすい方法です。

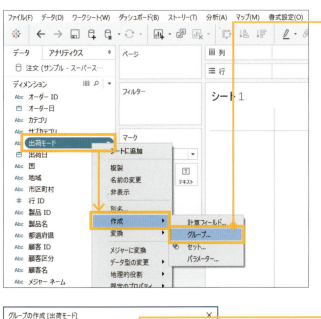

① グループ化したい項目があるフィールドを右クリック ＞ [作成] ＞ [グループ] を選択します。

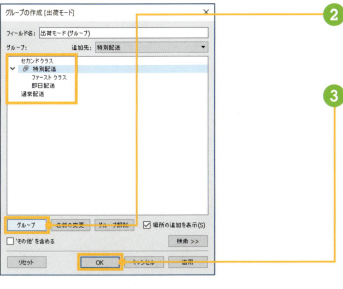

② グループ化したい項目を複数選択し、左下の [グループ] をクリックします。右下の [検索] を使って項目を絞ってもいいでしょう。

③ [OK] をクリックします。

④ 新しくグループ化したフィールドができました。データ型を表すアイコンは、グループを表すクリップのマーク◎です。

⑤ グループの項目を編集するには、右クリック > [グループの編集] を選択します。

■ ビューでグループを作成

　図表を作成した画面内、すなわちビューの中でもインタラクティブにグループを作成できます。チャートで表現されたビジュアルから、外れ値の項目をまとめたり、近い値の項目をまとめたり、可視化を利用してグループ化する方法です。2通りの動きを確認します。

■選択した項目をグループ化

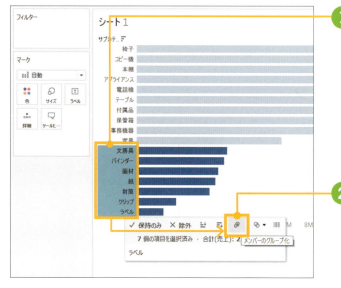

① グルーピングしたい項目を選択します。「文房具」をクリックして、[Shift] キーを押しながら「ラベル」をクリックすると、文房具からラベルがすべて選択されます。棒グラフやクロス集計など、項目にヘッダーが表示されている場合は、ヘッダー（項目名の文字）を選択することで、選択した部分がグループ化されます。

② 右クリック > [グループ] を選択します。もしくは項目を選択した際に表示されるツールヒントでグループアイコン◎をクリックします。選択した項目が1つにまとまります。

160

■ 選択した項目とそれ以外にグループ化

① マークである、棒やクロス集計の数字部分を選択してグループ化すると、選択した部分とその他という2つのグループができます。

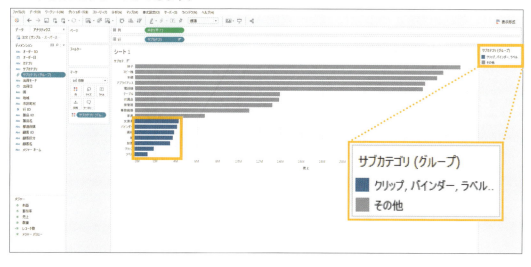

4.4.3 セット

　セットとは、元のデータのサブセットのことです。すなわち、フィールドのもつ項目の一部を抜き出したものです。作成方法は2通り、表現方法も2通りあります。
　グループの作成と同様、[データ] ペインから作成する方法とビュー内で作成する方法があります。セットの場合、前者は値によって動的にメンバーを変化させることができます。

■ [データ] ペインからセットを作成（固定セット・変動セット）、編集

　[データ] ペインからセットを作成すると、リスト表示されたすべての項目から固定的なセットを作成できるだけでなく、一定の条件を満たしたセットや、一定条件の上位・下位の順位指定を満たしたセットを作成できます。条件や上位・下位を指定する方法だと、新しく入ったデータをも反映して振り分けることができます。

161

❶ セットを作成したい項目があるフィールドを右クリック ＞ ［作成］ ＞ ［セット］を選択します。

❷ ［全般］タブでは固定のセット、［条件］タブでは指定の数値で判定するセット、［上位］タブでは指定の条件の上位・下位のメンバーを指定するセットを作成できます。

③ [データ] ペインの [セット] で新しくセットが作成できたことを確認できます。

④ セットの項目を編集するには、対象のセットを右クリック＞[セットの編集]を選択します。

■ ビューからセットを作成（固定セット）

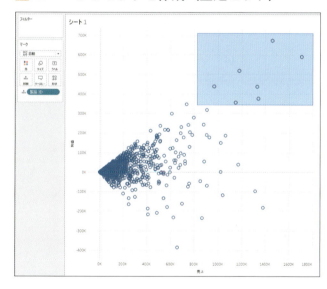

① セットにしたい項目を選択します。

② 右クリック＞[セットの作成]を選択します。もしくは表示されるツールヒントでセットの作成アイコン◉＞[セットの作成]を選択します。

163

■ In/Outで表現

セットをビューにドラッグするとInとOutで表現されます。Inにはセットに含まれるメンバーが、Outにはセットに含まれないメンバーが入ります。下図の例の場合、Inはセットに含まれる売上が少額のサブカテゴリ、Outはそれ以外です。色分け、フィルターでよく使われます。

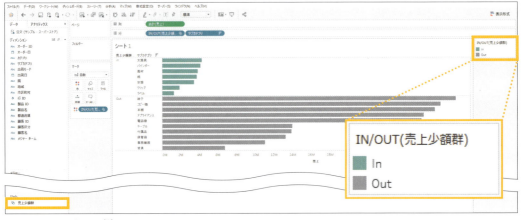

図4.4.1　In/Outの例

■ Inのメンバーで表現

セットが含むメンバーだけを表示することもできます。

① [IN/OUT（売上少額群）] を右クリック ＞ [セットのメンバーを表示] を選択します。

164

❷ In/Outからメンバーの表示に切り替わります。フィルターにも同じセットが入り、Inのメンバーでフィルターされます。

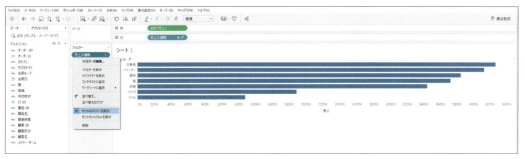

 Tableau Server・Tableau Onlineでは、セットを作成することはできません。Tableau Desktopで作成されたセットから、In/Outを表現することは可能です。

4.4.4 結合セット

　結合セットとして、複数のセットを組み合わせることができます。元となるセットは同じディメンションから生成されている必要があります。たとえば、売上1000万円以上の製品名のセットと利益50万円以上の製品名のセットを結合して、売上1000万円かつ利益50万円の結合セットを作成することができます。一方、売上1000万円以上の製品名のセットと3回以上注文した顧客名のセットを合わせることは理論上不可能なので、できません。

　セットを使いこなせるようになると、分析の幅が広がります。以下の操作説明では、あらかじめ「利益上位5の顧客」と「利益下位5の顧客」のセットを作成しています。

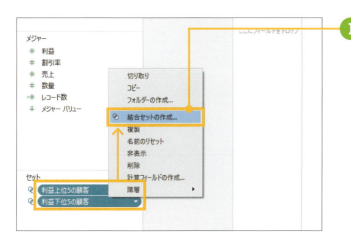

❶ 2つのセットを選択し、右クリック >［結合セットの作成］を選択します。

165

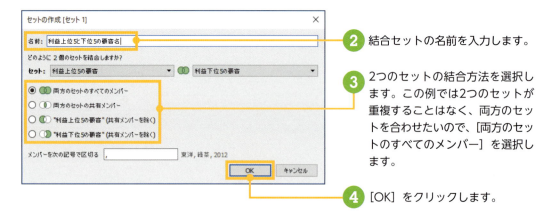

② 結合セットの名前を入力します。

③ 2つのセットの結合方法を選択します。この例では2つのセットが重複することはなく、両方のセットを合わせたいので、[両方のセットのすべてのメンバー] を選択します。

④ [OK] をクリックします。

⑤ [列] に「利益」、[行] に「顧客名」、[フィルター] に作成した結合セットをドロップします。利益上位5と利益下位5の顧客をビューで確認できるようになりました。

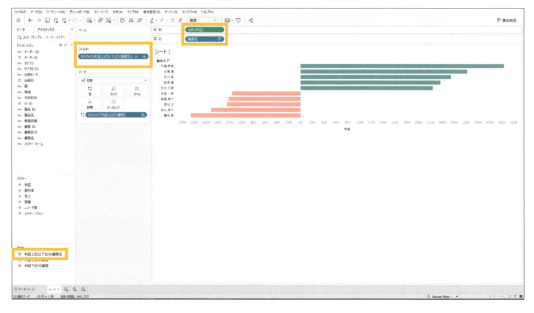

ビジュアライゼーションの周辺効果

Tableauではチャートを作るとき、ビューにフィールドを入れるだけで大枠を表すことができますが、本章では見た目のデザイン、表現する粒度（データの細かさ）、並べ替え、単位の変更など、より自由度を高めて表現するための効果を紹介します。
また、Tableauの標準機能として用意された、分析関連の機能も扱います。

マーク

マークとは様々な視覚効果（色、サイズ、ラベル、形状など）を与えつつ、表現するチャートの粒度（データの細かさ）のレベルをコントロールする役割をもつ、非常に重要な要素です。粒度とは、たとえば売上と利益の関係を製品カテゴリごとに表示したり、製品ごとに表示したりといった、表現するレベルを指します。Tableauでは「詳細レベル（Level of Detail）」と呼んでいます。本節でもTableau Desktopに同梱されている「サンプル - スーパーストア.xls」を例に説明します。

5.1.1 ［詳細］による視覚効果

　図5.1.1は、「売上」と「利益」の関係を表す散布図です。どのシェルフにもディメンションが入っていないため、データ全体を表すマークが1つだけ表示されています。

　［マーク］カードの下段左にある［詳細］は、ドロップするディメンションによってビューに表すマーク数（散布図なら円の数）をコントロールする役割をもちます。すなわち、この［詳細］によって詳細レベルを調整できるようになっています。

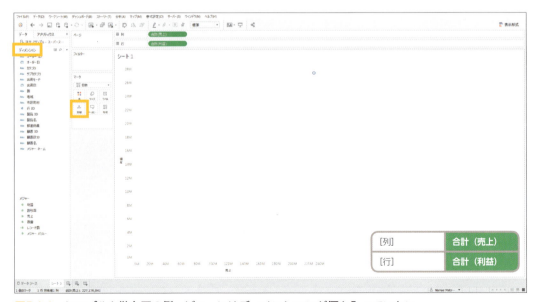

図5.1.1　シンプルな散布図の例。ビューにはディメンションが何も入っていない

図5.1.1の例で、[データペイン] から「製品名」を [マーク] カードの [詳細] に入れると、「製品名」レベルで表現するよう粒度が変わり、図5.1.2のように製品名の数と同じ数だけマークが現れます。詳細レベルが、データ全体から製品名レベルに変更されたと考えることができます。

図5.1.2　[詳細]に「製品名」を入れた例。粒度が変化した

　ディメンションはメジャーを切り分ける働きをもつので、ディメンションが [行] や [列] に入れば縦と横に切り分けられますし、図5.1.3のように [マーク] カードの [詳細] に入ればビューの粒度として切り分けられます。

図5.1.3　ディメンションを [列] と [行] に入れてさらに切り分けた例

169

5.1.2 ［ラベル］による視覚効果

　［マーク］カードの上段右にある［ラベル］で、マークごとに値や文字の情報を表示できます。［ラベル］にディメンションが入ると、［詳細］の効果と［ラベル］づけの効果が同時に働くので、マークを切り分けてラベルを表示します。

　たとえば、図5.1.1の「売上」と「利益」の関係を表す散布図で、［データペイン］から「地域」を［マーク］カードの［ラベル］にドロップすると「地域」レベルで切り分けられ、地域の名前が表示されます（図5.1.4）。

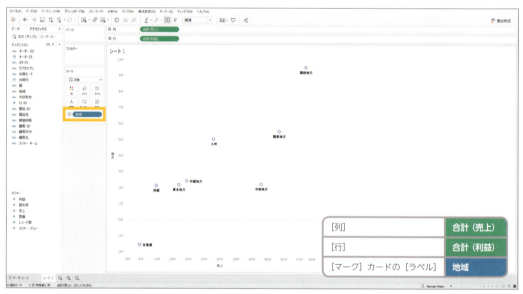

図5.1.4　［ラベル］に「地域」を入れた例

　［マーク］カードの［ラベル］をクリックして開く画面で、ラベルを編集できます。［フォント］や［配置］の指定はもちろん、［テキスト］の右側の編集ボタン［…］からラベルの内容を編集することもできます。［ラベルの編集］画面右上の［挿入］から、シェルフに入れたフィールド情報を引用することもできます。

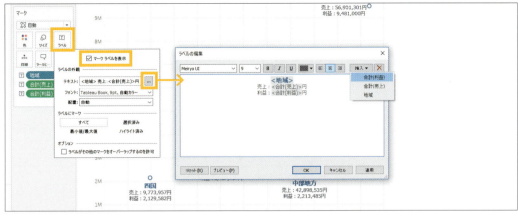

図5.1.5 ラベルの編集

5.1.3 [サイズ]による視覚効果

　[マーク]カードの上段中央にある[サイズ]で、マークごとにサイズを変えることができます。
　図5.1.6は、図5.1.4の散布図に[データペイン]から「数量」を[マーク]カードの[サイズ]にドロップし、マークのチャートタイプを「円」に変えたものです。[マーク]カードの[サイズ]をクリックすると、スライダーでサイズの大小を調整できます。散布図で、マークのサイズを変えたことで、一般的にバブルチャートと呼ばれるグラフになりました。

図5.1.6 スライダーでマークのサイズを変更できる

171

5.1.4 [色] による視覚効果

[マーク] カードの上段左にある [色] で、マークごとに色をつけられます。[色] にディメンションが入ると [詳細] の効果と [色] の効果が同時に働き、マークは切り分けられて色がつきます。

■ 不連続フィールドと連続フィールドの違い

[色] に不連続フィールドが入ると図5.1.7のように各項目にそれぞれ色が割り振られ、連続フィールドが入ると図5.1.8のように値の大小でグラデーションの色が割り振られます。

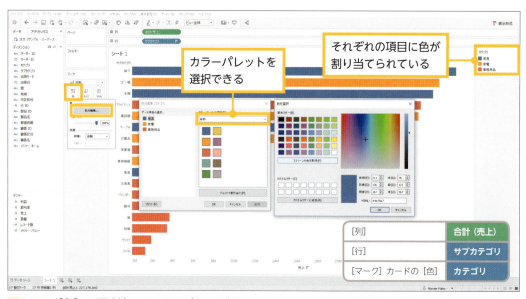

図5.1.7 [色] に不連続フィールドが入った例

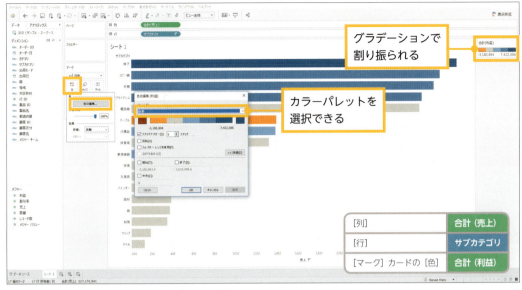

図5.1.8 ［色］に連続フィールドが入った例

■ 色の編集

［マーク］カードの［色］をクリックして開くダイアログボックスから色を編集できます。［色の編集］をクリックすると色を変更することができ、Tableauによってあらかじめ用意されているカラーパレットを利用できます。

不連続フィールドの場合は［データ項目を選択］で変更したい項目を選択してから色を指定して変更します。項目数が多いときは［パレットの割り当て］を利用すると便利です。

自分で色を指定したい場合は、不連続フィールドなら［データ項目の選択］で目的のデータ項目をダブルクリック、連続フィールドならカラーバーの左右に配置されている四角形をダブルクリックします。Tableau Server・Tableau Onlineの場合は、カラーコードを入力します。カラーコードとは、色を表現するために一般に用いられる文字列です。

連続フィールドの場合、色の編集ダイアログの［ステップドカラー］にチェックを入れると、グラデーションではなく指定した数に色が分かれます。0を基準として正負の2ステップに分けたいときや、高い・ふつう・低いといった意味づけを段階的に与えたい場合に使います。

173

COLUMN

連続フィールドのデフォルトの色は、以前は赤から緑のグラデーションでしたが、特殊な色覚をもつ方達にも見やすくなるよう配慮された結果、オレンジから青のグラデーションに変更されました。日本では一般的に男性の5%、女性の0.2%に、異なる色として捉える人が存在するといわれます。より多くの人がビジュアル効果を体感でき、色によって情報量が減ることがないように考慮されました。様々なタイプの特殊な色覚が存在するため、色だけで重要な情報を表現しないよう、考慮しましょう。

5.1.5 ［ツールヒント］による視覚効果

　［マーク］カードの下段真ん中にある［ツールヒント］で、マークをマウスオーバーしたときに表示される、そのマークに関する詳細情報を設定できます。［行］や［列］、［マーク］カードに入れていない情報を表示したいときに、そのフィールドを［マーク］カードの［ツールヒント］にドロップします。

　具体的に［ツールヒント］で色々な情報を設定してみましょう。ここでは「月別売上推移」というチャートが別のシートにあらかじめ用意されているものとして、そのチャートをツールヒントで表示するようにしてみます。

❶ 表を参考に帯グラフを作成します。「サブカテゴリ」で降順に並べ変え、表示を［ビュー全体］にしておくとわかりやすいチャートになります。

 MEMO なお、別シートにあらかじめ作成してある「月別売上推移」の内容は右表のようになっています。

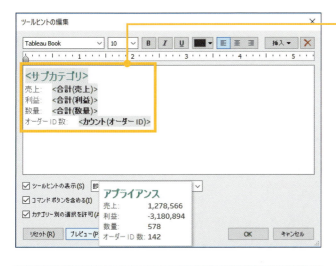

❷ [マーク]カードの[ツールヒント]をクリックし、図を参考に表示内容を整えます。[プレビュー]をクリックすると、表示される実際の様子を確認できます。

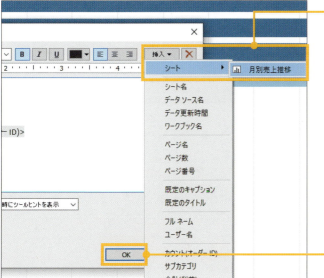

❸ 編集画面右上の[挿入]をクリック＞[シート]＞「月別売上推移」をクリックします。

❹ [OK]をクリックして画面を閉じます。

マウスオーバーすると、そのマークでフィルターされたチャートが表示されるようになりました。

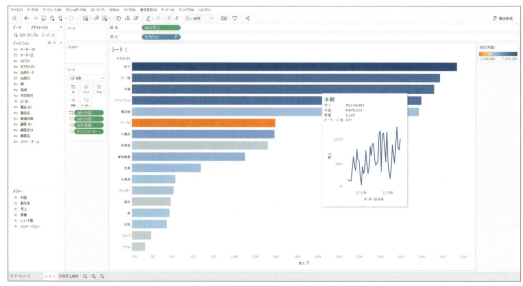

図5.1.9 作成したツールヒントに他のシートが表示されるチャート

手順❸を行うと、編集画面に次のような文字列が挿入されます。

<Sheet name="月別売上推移" maxwidth="200" maxheight="300" filter="<すべてのフィールド>">

挿入したシートに対してmaxwidthで幅を、maxheightで高さを、filterでどのレベルでフィルターするのかをコントロールできます。フィルターされると、そのシートのフィルターシェルフには、ツールヒントと表示されたフィルターが入ります。

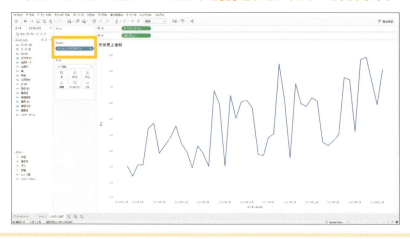

フィルターとページ

ビューの一部を表示させたいとき、もしくは一部を表示させたくないとき、フィルターを使います。本節で扱うビューレベルのフィルターは、抽出段階でフィルターする抽出フィルターや、ビューを作成する前に絞るデータソースフィルターの後に実行される、ビューで設定するフィルターです。また、ビューをいくつかに分けて、本のページをめくるように次々と動かして表示するページ機能も紹介します。本節でもTableau Desktopに同梱されている「サンプル - スーパーストア.xls」を例に説明します。

5.2.1 ディメンションフィルターとメジャーフィルター

ディメンションのフィールドを使ってフィルターすることをディメンションフィルター、メジャーのフィールドを使ってフィルターすることをメジャーフィルターと呼びます。

■ ディメンションフィルター

ディメンションフィルターには、ビュー上で感覚的にフィルターを設定する方法と、[フィルター] シェルフにディメンションをドロップして項目や条件を指定する方法があります。

まず、ビュー上で感覚的にフィルターを設定する方法を紹介します。

[列]	合計(売上)
[行]	合計(利益)
[マーク] カードの [ラベル]	サブカテゴリ

❶ 表を参考に「売上」と「利益」の関係を「サブカテゴリ」ごとに表すチャートを作成します。

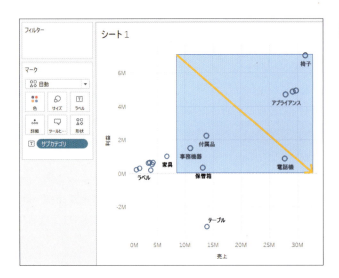

❷ 「売上」が10M以上、「利益」が0以上となっているサブカテゴリのマークをドラッグして選択します。

❸ マウスを離したところで表示される画面で［保持］（含めるの意）をクリックします。フィルターの目的によっては、［除外］（除くの意）をクリックします。

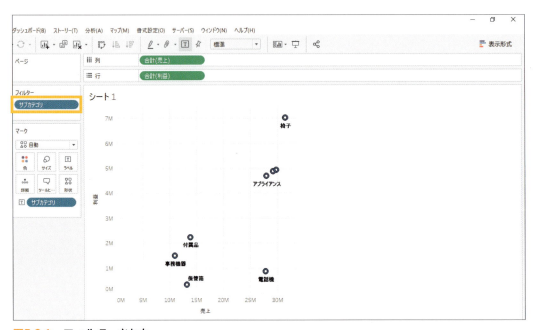

図5.2.1　フィルターされた

図5.2.1のように「売上」が10M以上、「利益」が0以上に該当するサブカテゴリだけに絞られました。

　[フィルター]には「サブカテゴリ」が自動的に入っています。では、続けてフィルターの状態を詳しく見てみましょう。

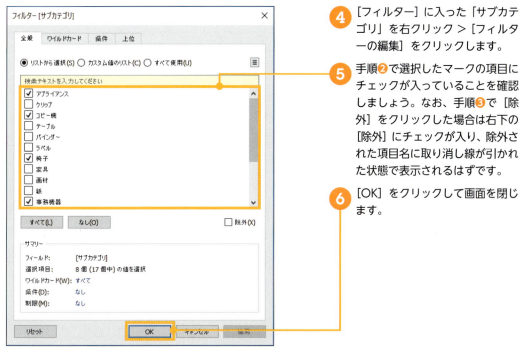

④ [フィルター]に入った「サブカテゴリ」を右クリック > [フィルターの編集]をクリックします。

⑤ 手順②で選択したマークの項目にチェックが入っていることを確認しましょう。なお、手順③で[除外]をクリックした場合は右下の[除外]にチェックが入り、除外された項目名に取り消し線が引かれた状態で表示されるはずです。

⑥ [OK]をクリックして画面を閉じます。

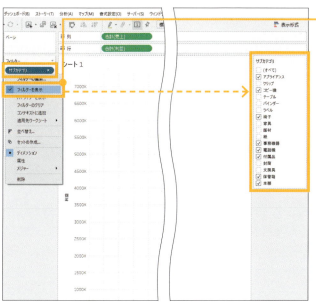

⑦ [フィルター]に入った「サブカテゴリ」を右クリック > [フィルターを表示]をクリックします。ビューの右側にフィルターが表示されるので、ここから簡単にフィルターの状態を切り替えられます。

⑧ 画面右側に表示されたフィルターのドロップダウン矢印［▼］をクリックすると、フィルターの表示方法を選べます。1つの項目を選択する「単一値」か、複数項目を選択する「複数の値」か、一覧表示させる「リスト」か「ドロップダウン」か、といった組み合わせから選びます。

　ここまでに紹介したフィルターの方法は、指定した項目でフィルターするものでした。このため新しいデータに更新されると、新しいデータでは指定した項目が売上10M以上、利益0以上のサブカテゴリではなくなるかもしれません。また、ビューに表していないフィールドを使ったフィルターはできません。

　そこで次に、データが更新されたとしても条件を満たせるよう、ビューで表していないフィールドでもフィルターできるよう、［フィルター］シェルフにディメンションをドロップして項目や条件を指定する方法を紹介します。これより先のディメンションフィルターは、Tableau Desktopでのみ操作可能です。

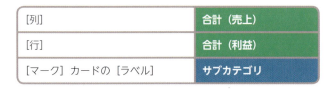

① 表を参考に「売上」と「利益」の関係を「サブカテゴリ」ごとに表すチャートを作成します。

② ［データ］ペインから「サブカテゴリ」を［フィルター］にドロップします。

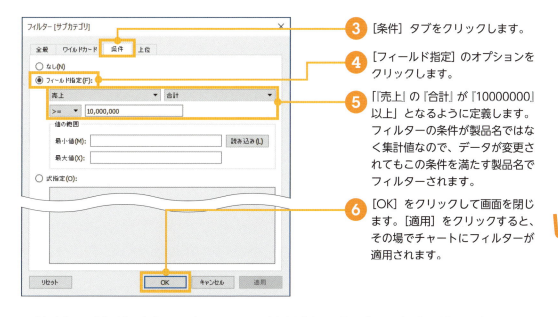

3 [条件] タブをクリックします。

4 [フィールド指定] のオプションをクリックします。

5 「『売上』の『合計』が『10000000』以上」となるように定義します。フィルターの条件が製品名ではなく集計値なので、データが変更されてもこの条件を満たす製品名でフィルターされます。

6 [OK] をクリックして画面を閉じます。[適用] をクリックすると、その場でチャートにフィルターが適用されます。

「売上」の「合計」が「10M（=10000000）」以上の「サブカテゴリ」に絞って表示されました（図5.2.2）。

図5.2.2 「サブカテゴリ」に対して「売上」の「合計」にフィルターを設定した状態のチャート

売上10M以上、利益0以上の条件にするには、[条件] タブで [式指定] を選択し、図5.2.3のように指定します。

図5.2.3 ［条件］タブで条件を指定する

　フィルターの定義は、条件式だけでなくワイルドカードを使って項目を文字で検索したり、メジャーと組み合わせて「上位または下位いくつか」といった指定をしたりすることも可能です。「売上」と「利益」の関係を「製品名」ごとに表示した例で具体的に見てみましょう。

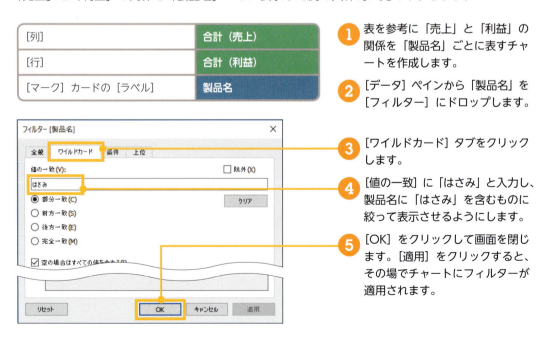

　「はさみ」という条件に部分一致する「製品名」のみを表示させました。ワイルドカードを使用したフィルターは、項目数が多いときに項目名で検索して表示させるのに便利です。

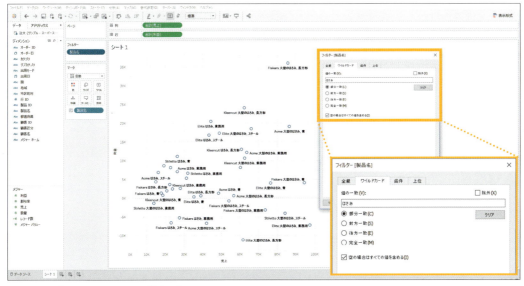

図5.2.4 「はさみ」を含む「製品名」でフィルターした

図5.2.5は、図5.2.4のチャートの例でフィルターを変更したものです。製品名のフィルターを編集し、[上位] タブで「オーダー ID」の「カウント」がトップ10を表示させました。「オーダーされた回数が多いトップ10に入るはさみを含む製品名」を表示させた例です。フィルターは、タブの左側から順に適用されます。

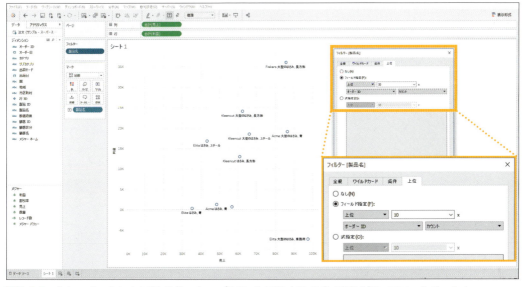

図5.2.5 「オーダーされた回数が多いトップ10に入るはさみを含む製品名」でフィルターした

メジャーフィルター

メジャーフィルターは、[フィルター] にメジャーをドロップして条件を設定していく方法です。ここでも「売上」と「利益」の関係を「サブカテゴリ」ごとに表示し、売上10M以上、利益0以上という条件で「サブカテゴリ」をフィルターします。

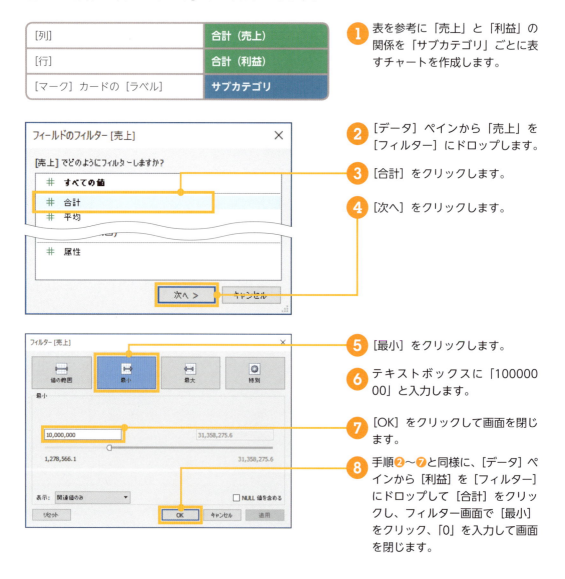

① 表を参考に「売上」と「利益」の関係を「サブカテゴリ」ごとに表すチャートを作成します。

② [データ] ペインから「売上」を [フィルター] にドロップします。

③ [合計] をクリックします。

④ [次へ] をクリックします。

⑤ [最小] をクリックします。

⑥ テキストボックスに「10000000」と入力します。

⑦ [OK] をクリックして画面を閉じます。

⑧ 手順②〜⑦と同様に、[データ] ペインから [利益] を [フィルター] にドロップして [合計] をクリックし、フィルター画面で [最小] をクリック、「0」を入力して画面を閉じます。

図5.2.6のように「売上」が10M以上、「利益」が0以上のサブカテゴリだけに絞られました。これは、図5.2.1と同じ内容を示すビューですが、図5.2.1はサブカテゴリごとに条件を指定し、図5.2.6は売上と利益の値から条件を指定している、という違いがあります。

図5.2.6 「売上」と「利益」の値の条件からフィルターされた

> ディメンションフィルターもメジャーフィルターも、使い過ぎるとパフォーマンスが悪くなることがあります。不連続フィールドを対象にフィルターした場合は、各フィールドがもつ項目をすべて洗い出すので特に遅くなりがちです。日付型のフィールドなど、連続でも不連続でも表現できる場合は、連続でフィルターできないかどうかを検討するといいでしょう。
> また、フィルターは「除外」より「保持」のほうが速く動作します。

5.2.2 日付フィルター

「日付」型もしくは「日付と時刻」型のフィールドには、複数のフィルター方法が用意されています。[相対日付]、[日付の範囲]というのは日付型独特のものです。なお、Tableau Server・Tableau Onlineでは、日付の範囲でのみフィルターできます。

図5.2.7 「日付」型のフィールドを[フィルター]にドロップして表示される画面

■「相対日付」フィルター

[相対日付]では、ある日を基準に相対的に日付の範囲を指定できます。デフォルトの基準日は「今日」です。「今日」を基準に「今月」、「過去3カ月」といった指定ができるので、いつでも直近の指定範囲期間を表示できます。具体的な期間は画面右上で確認できます。

[基準アンカー]にチェックを入れると、「今日」以外の日にちを基準日として指定できます。

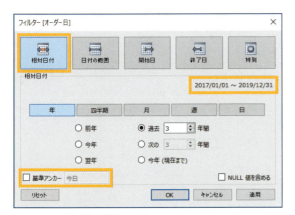

図5.2.8　[相対日付] タブ

■「日付の範囲」フィルター

「日付の範囲」は、期間を固定したいときに使います。カレンダーを使って簡単に設定することができます。

図5.2.9　[日付の範囲] タブ

■ 年、四半期、月、年/月など

図5.2.10は [年] や [年/月] を選択してフィルターしようとしたときの例です。左下の [ワークブックを開いたときに最新の日付値にフィルターします] にチェックを入れると、常に最新の日付の値にフィルターされます。たとえば、常に最終月でフィルターして見せたいときなどにチェックを入れておくと便利です。

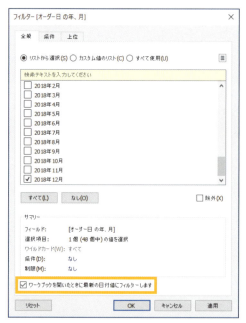

図5.2.10 最新の日付で表したいなら左下のチェックボックスを使おう

5.2.3 ページ

　本のページをめくるように、フィルターをかけながら画面を切り替えていくのが「ページ」機能です。ここでは「売上」と「利益」の関係を「サブカテゴリ」ごとに表示し、「オーダー日」の年ごとにページを切り替えて確認できるようにしてみます。

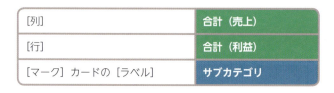

① 表を参考に「売上」と「利益」の関係を表すチャートを作成します。

② [データ] ペインから「オーダー日」を [ページ] にドロップします。

　ビューには不連続の「年(オーダー日)」が表示され、画面右側にページコントロールが表示されます。指定のページを表示するにはページコントロールのスライダーを操作するか、ドロップダウンで切り替えるか、[◀] [▶] をクリックすればページを切り替えることができます。Tableau Desktopでは、[▶] を押すと、右の3つのアイコンで指定したスピードで、ビューがページごとに自動的に切り替わっていきます。

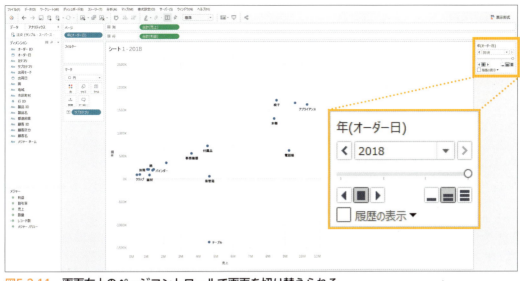

図5.2.11　画面右上のページコントロールで画面を切り替えられる

変化の軌跡を表示したい場合

　Tableau Desktopでは「ページ」機能に変化の軌跡を表示する機能が備わっています。ページコントロールの［履歴の表示］にチェックを入れ、その横のドロップダウンリストの矢印［▼］をクリックすると、軌跡をどのように表示させるのか、設定できます。またページコントロールの右上のドロップダウンリストの矢印［▼］から［ループ再生］をクリックすると、ページをループ再生し続けることができます。

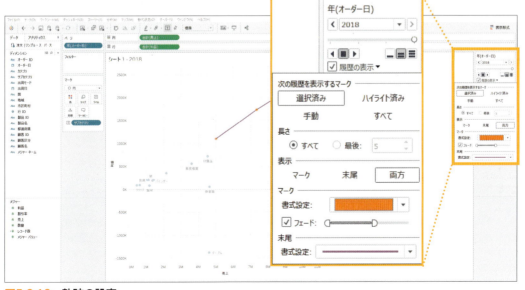

図5.2.12　軌跡の設定

並べ替え

チャートを作成して形を整えたら、次にマークの順番を考慮しましょう。棒グラフであれば、項目を降順に並べることが多いです。降順に並べると、値が大きい項目を一目で把握できるようになり、簡単にランキングがわかり、上位の項目の値の違いをすぐに知ることができます。本節でもTableau Desktopに同梱されている「サンプル - スーパーストア.xls」を例に説明します。

5.3.1 基本的な並べ替え

まずは、ディメンションが1つだけ入っているチャートの並べ替えをします。並べ替えは大きく2つの方法があり、ビューをクリックすることで並べ替える方法と、ダイアログボックスで指定する方法があります。

■ メジャーが1つの場合の、ビュー上での並べ替え

図5.3.1は「地域」ごとの「売上」を表した棒グラフです。ツールバーの降順で並べ替えるボタン をクリックして「売上」の降順に並べ替えています。

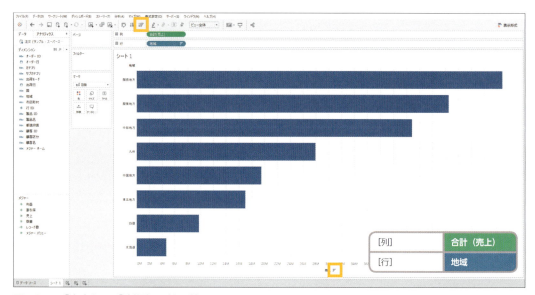

図5.3.1 「売上」で「降順」に並べ替えた

ビューにメジャーが1つだけ入ったチャートでは、ツールバーの降順で並べ替えるボタンや昇順に並べ替えるボタンをクリックして並べ替えを行います。もしくは軸の名前の右側をマウスオーバーすると表示される、並べ替え用のボタンをクリックします。クリックするたびに、[降順]→[昇順]→[並べ替え指定なし]と並びが替わります。

■ メジャーが複数の場合の、ビュー上での並べ替え

　次に、複数のメジャーがビューに入っているとき、指定のメジャーで並べ替えを行ってみます。ここでは「地域」ごとの「売上」と「利益」を表した棒グラフを、「利益」で並べ替えます。これは、Tableau Desktopでできる機能です。

❶ 図5.3.1の棒グラフに、[データ]ペインから「利益」を[列]にドロップします。

❷ [列]の「合計（利益）」をクリックしてから、ツールバーの降順で並べ替えるボタン をクリックします。

　[行]や[列]に限らず、[マーク]カードに入っているメジャーでも同じ操作で並べ替えることができます。

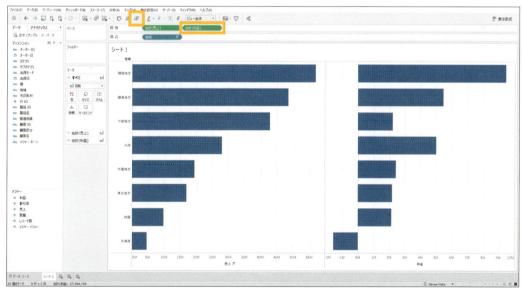

図5.3.2　グラフの右側に表示されている「利益」で降順に並べ替えた

191

■ 手動による、ビュー上での並べ替え

　手動で並べ替えることもできます。図5.3.3は図5.3.1の「地域」ごとの「売上」を表した棒グラフを、北から順に上から並べ替えたものです。地域名が表示されたヘッダーの項目をドラッグして動かすことができます。なお、ヘッダーが左部や上部にあれば手動での操作が可能ですが、ヘッダーが下部にあるときは手動での操作はできません。また、これはTableau Desktopでできる機能です。

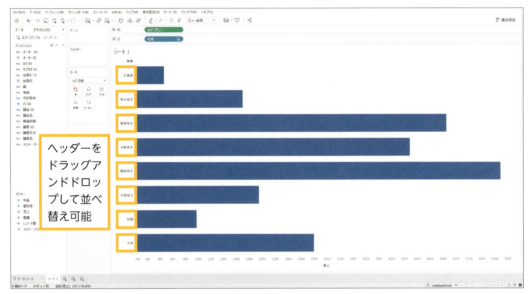

図5.3.3　ヘッダーを動かして、手動で並べ替えた例

■ ダイアログボックスでの並べ替え

　ダイアログボックスで特定のフィールドを基準に指定の順番に並べ替えることができます。複雑なチャートを作成するときに、より詳細に順番を指定したいときに重宝します。ビューにないフィールドも利用できるのがポイントです。並べ替えるのはディメンションの項目なので、ディメンションから操作します。

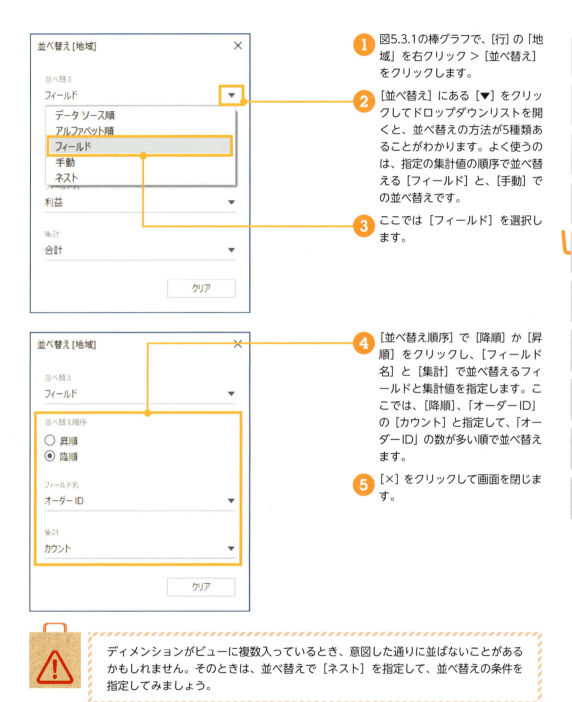

① 図5.3.1の棒グラフで、[行] の「地域」を右クリック > [並べ替え] をクリックします。

② [並べ替え] にある [▼] をクリックしてドロップダウンリストを開くと、並べ替えの方法が5種類あることがわかります。よく使うのは、指定の集計値の順序で並べ替える [フィールド] と、[手動] での並べ替えです。

③ ここでは [フィールド] を選択します。

④ [並べ替え順序] で [降順] か [昇順] をクリックし、[フィールド名] と [集計] で並べ替えるフィールドと集計値を指定します。ここでは、[降順]、「オーダーID」の [カウント] と指定して、「オーダーID」の数が多い順で並べ替えます。

⑤ [×] をクリックして画面を閉じます。

ディメンションがビューに複数入っているとき、意図した通りに並ばないことがあるかもしれません。そのときは、並べ替えで [ネスト] を指定して、並べ替えの条件を指定してみましょう。

書式設定

チャートをよりわかりやすく見せるには、書式設定を理解することが大切です。書式とは、「割合のフィールドは常にパーセンテージ表示にする」、「ワークブック全体のフォントを一括で変更する」といったような設定です。書式設定は、大きいレベルから小さいレベルへと設定していくと作成効率が良くなります。ワークブック全体で設定し、シートごとに設定し、フィールドの既定を設定し、ビューで使うフィールドに対して設定する、という流れになります。

5.4.1 ワークブックレベルでの書式設定

　書式設定を行うとき、最初にワークブック全体で指定できないかどうかを考えます。ワークブック全体で文字のフォントや色、大きさ、線の色や太さ、種類などを一括設定できます。

　メニューバーから［書式設定］＞［ワークブック］をクリックすると、画面の左側に書式設定用のメニューが表示され、ここからワークブックレベルでの設定ができます。設定を変更した項目は、左側に円のマークがつきます。すべての項目を最初の設定に戻すには、下部にある［既定にリセット］をクリックします。

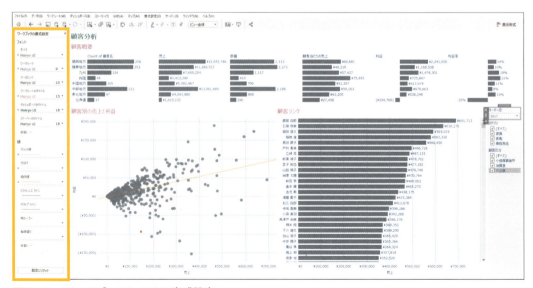

図5.4.1　ワークブックレベルの書式設定

5.4.2 シートレベルでの書式設定

シートごとに一括で書式設定するには、メニューバーの[書式設定]をクリックし、続いて[フォント]、[配置]、[網掛け]、[枠線]、[線]のいずれかをクリックして行います。ワークブックレベルでの一括変換と同様、画面の左側に書式設定用のメニュー項目が表示されます。

すべての項目を最初の設定に戻すには、下部にある[既定にリセット]をクリックします。

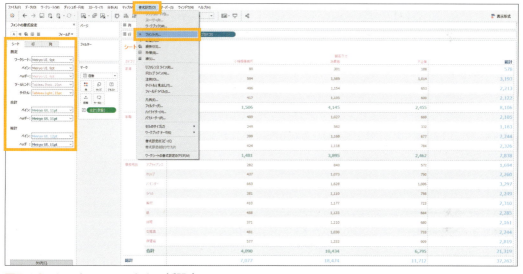

図5.4.2　シートでフォントを一括設定

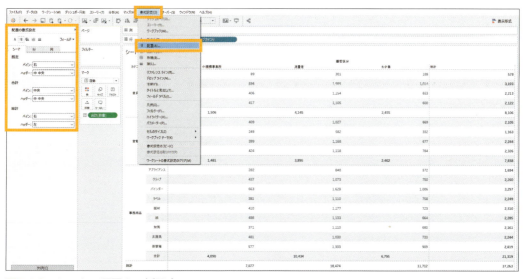

図5.4.3　シートで配置を一括設定

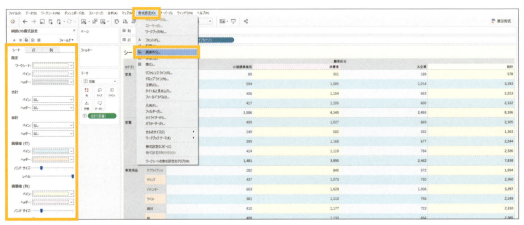

図5.4.4　シートで網掛けを一括設定

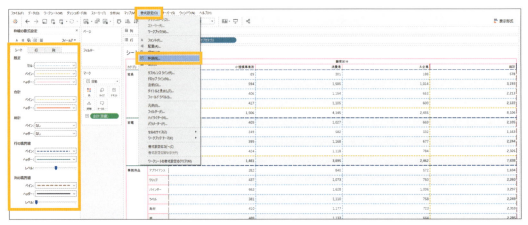

図5.4.5　シートで枠線を一括設定

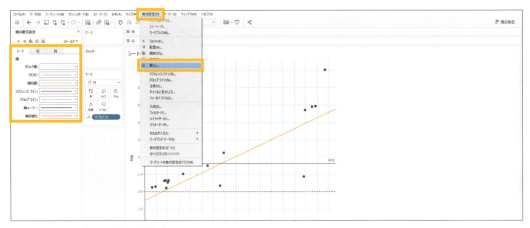

図5.4.6　シートで線を一括設定

Tableau Desktopでは、シートに設定した書式を他のシートにも適用することができます。まず、コピーしたいシートのシート名を右クリック＞［書式設定のコピー］をクリックします。次にその書式を適用したいシートのシート名を右クリック＞［書式設定の貼り付け］をクリックします。たとえ手間のかかる書式設定であっても、こうすることでシートごとに書式設定を繰り返す必要がなくなります。

Tableauは「行と列の組み合わせ」が基本の考え方なので、書式設定も行と列に対して設定します。セルレベルで考えるExcelとは異なります。
たとえば、注目すべきセルの背景色を変えたいとき、Excelではセルに対して指定しますが、Tableauではセル単位で指定することはできません。しかし、注目させたいのであれば数値や文字の条件として指定できることが多いので、その条件を書いた計算フィールドを色に入れるなどして対応できることもあります。データが新しくなっても常にその条件を満たした判定が可能になります。

5.4.3 フィールドレベルでの書式設定

　たとえば、「『売上』や『利益』は常に『平均』して表示する」、「プロットの形状は常に◆■●で示す」といったように、特定のフィールドに対して常に同じ書式で表示されるよう、フィールドごとに書式設定を行う方法です。

■［既定のプロパティ］でデフォルト表示を変更

　フィールドレベルでの書式設定は［既定のプロパティ］を変更します。［行］や［列］、［マーク］カードにフィールドを配置する前に［既定のプロパティ］を変更しておくのがポイントです。
　ここでもTableau Desktopに同梱されている「サンプル - スーパーストア.xls」の「注文」シートのデータを例に説明していきます。「売上」と「利益」の［集計］を［平均］に指定し、［色］と［形状］の書式も指定してみます。なお、Tableau Server・Tableau Onlineでは、メジャーの集計、ディメンションの並べ替えのみ指定できます。

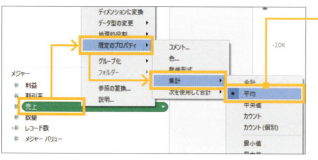

① 最初に「売上」フィールドの書式設定を行います。[データ]ペインの「売上」を右クリック > [既定のプロパティ] > [集計] > [平均]をクリックします。

② 同様にして、[データ]ペインの「利益」を右クリック > [既定のプロパティ] > [集計] > [平均]をクリックします。

③ 「カテゴリ」フィールドの色を指定します。[データ]ペインの「カテゴリ」を右クリック > [既定のプロパティ] > [色]をクリックし、開いた画面で色の設定を行います。ここでは「家電」はオレンジ、「家具」は紫、「事務用品」は緑に設定します。

④ 同様にして、[データ]ペインの「カテゴリ」を右クリック > [既定のプロパティ] > [形状]をクリックし、開いた画面で形状の設定を行います。ここでは[形状パレットの選択]で「塗りつぶし」を選択し、「家電」を◆、「家具」を●、「事務用品」を■に指定します。

[列]	平均（売上）
[行]	平均（利益）
[マーク] カードの [色]	カテゴリ
[マーク] カードの [形状]	カテゴリ
[マーク] カードの [ラベル]	サブカテゴリ

⑤ 表を参考に「売上」と「利益」の関係を示すチャートを作成します。

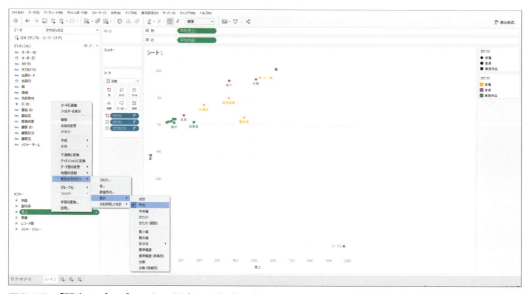

図5.4.7 「既定のプロパティ」で設定した書式で表示された

> 割合を示すフィールドは、パーセンテージで表示したり、平均した値で表示したりすることが多いものです。最初に対象のフィールドを右クリック >［既定のプロパティ］>［数値形式］>［パーセンテージ］や、［既定のプロパティ］>［集計］>［平均］をクリックしてフィールドの書式設定を行っておいてから分析を始めると、効率が良くなるでしょう。

■ 数値形式の表示単位の変更方法

　Tableauは、数値形式の表示単位を英語で考えています。このため、デフォルトでは千はK、百万はMと表示されます。KやMではなく常に千や百万と表示する方法を簡単に紹介しておきます。ここでは、「売上」の軸を千または百万と表示してみます。

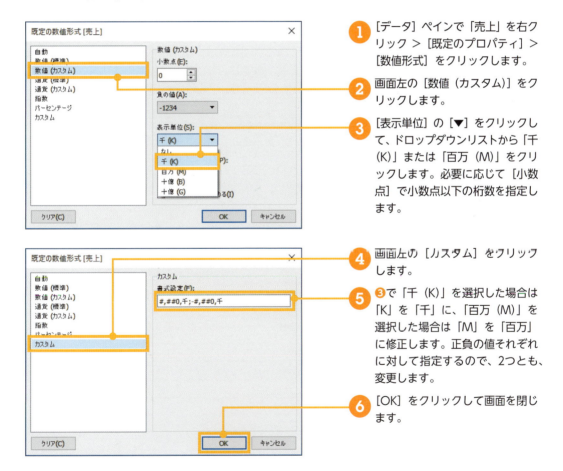

❶［データ］ペインで「売上」を右クリック >［既定のプロパティ］>［数値形式］をクリックします。

❷ 画面左の［数値（カスタム）］をクリックします。

❸［表示単位］の［▼］をクリックして、ドロップダウンリストから「千（K）」または「百万（M）」をクリックします。必要に応じて［小数点］で小数点以下の桁数を指定します。

❹ 画面左の［カスタム］をクリックします。

❺ ❸で「千（K）」を選択した場合は「K」を「千」に、「百万（M）」を選択した場合は「M」を「百万」に修正します。正負の値それぞれに対して指定するので、2つとも、変更します。

❻［OK］をクリックして画面を閉じます。

　［数値形式］の［既定のプロパティ］を変更した後でそのフィールドを使用すると、図5.4.8のようにKではなく「千」と表示されます。Mを変更した場合は「百万」と表示されるはずです。

図5.4.8 「K」ではなく「千」と表示された

5.4.4 ビューで使用中のフィールドの書式設定 TD TS TO TP

　ビューで使用中のフィールドだけに書式を設定することもできます。この場合、ビューにドロップして使うそれぞれのフィールドに対して、異なる書式を設定して適用できます。

　ピル（シェルフにドロップしたフィールド）を右クリック＞［書式設定］をクリックすると、画面の左側が書式設定の指定メニューに変わります。図5.4.9では［ペイン］タブと［軸］タブが表示されていますが、Tableau Desktopでは、軸以外のビュー内の表示と軸で、それぞれ異なる書式を設定することができます。なお、どのようなチャートでもピルや線などを右クリックすることで書式設定できるよう、操作が統一されています。

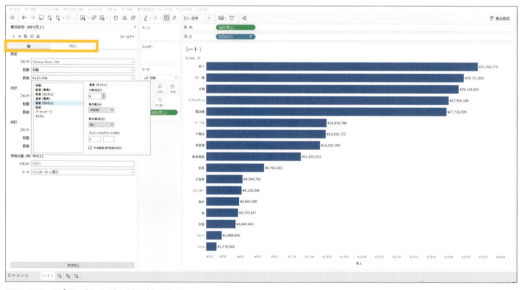

図5.4.9　ピルごとに書式設定できる

200

5.4.5 軸の範囲の変更

表示させる軸の範囲を変更できます。ただし、同じチャートでも軸の範囲を変えると異なるイメージを与え、場合によってはミスリードにつながる可能性があります。軸の範囲を変更する際は、よく注意しましょう。

■ 軸の範囲の固定

図5.4.10に示す折れ線グラフの軸の範囲を固定してみます。軸を固定しておくと、データが更新されても常に同じスケールでビューが表示されます。データが更新されて指定した値を超えた場合、超えた部分はビューに表示されないことに注意が必要です。

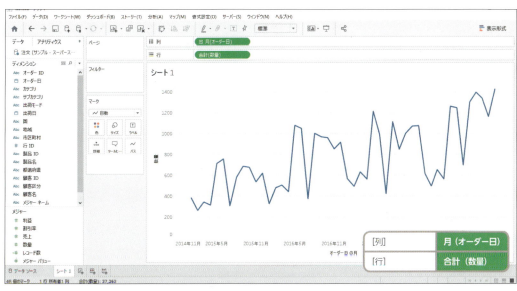

図5.4.10 軸の範囲が初期設定のままの折れ線グラフの例

① 軸を右クリック＞［軸の編集］をクリックします。または、軸の上をダブルクリックします。

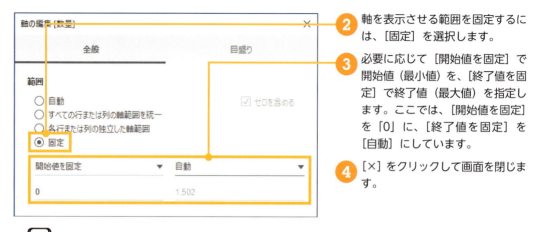

② 軸を表示させる範囲を固定するには、[固定] を選択します。

③ 必要に応じて [開始値を固定] で開始値（最小値）を、[終了値を固定] で終了値（最大値）を指定します。ここでは、[開始値を固定] を [0] に、[終了値を固定] を [自動] にしています。

④ [×] をクリックして画面を閉じます。

 右上の [ゼロを含める] のチェックを外すと、軸を0から始めずに値が存在する範囲にビューをフォーカスすることができます。変動を捉えやすい一方、振れ幅が大きく見えてしまうことに注意が必要です。

■ 項目ごとに軸の範囲を最適化

[行] にディメンションを入れると、相対的に値が小さい項目は図5.4.11の1行目「小規模事業所」のように変化がわかりにくくなります。そこで各項目で存在する値にフォーカスさせ、すべての項目に適した軸の範囲になるようにしてみます。ただしそれぞれの項目で軸が揃わなくなるので、この設定を行ったときは項目間で比較しないよう、注意が必要です。

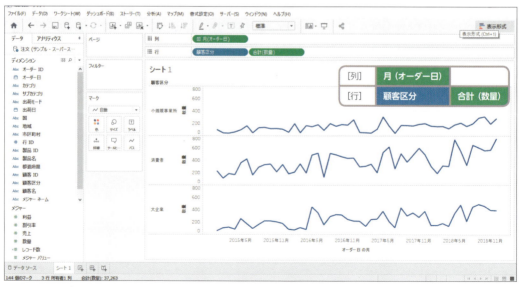

図5.4.11　ディメンションを [行] に入れた折れ線グラフの例

① 軸を右クリック＞[軸の編集]を
クリックします。

② [ゼロを含める]のチェックを外します。

③ [各行または列の独立した軸範囲]
をクリックします。

④ [×]をクリックして画面を閉じます。

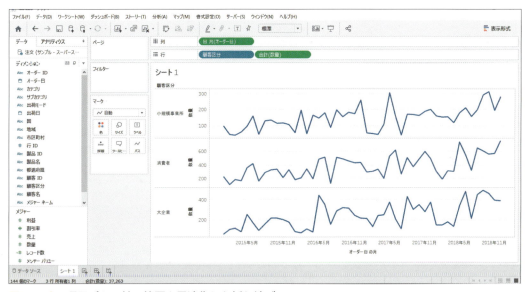

図5.4.12　項目ごとに軸の範囲を最適化した折れ線グラフ

203

分析機能の活用

Tableauが標準でもつ分析機能を紹介します。定数線や平均線、統計解析の一種である傾向線、予測の線、クラスターについて説明します。これら以外の統計解析の手法については、用意された関数を組み合わせて計算フィールドを利用するか、統計解析や機械学習の専門ツールと連携し、可視化部分でTableauを用いるという使い方が一般的です。本節でもTableau Desktopに同梱されている「サンプル - スーパーストア.xls」を例に説明します。

5.5.1 定数線、平均線　

ここでは、チャートに一定の値で線を引く定数線と、指定の範囲の平均値を表す平均線を表示します。その他の分析系の機能は、[アナリティクス] ペインにまとまっています。

■ 定数線

定数線は、決まった上限値など、ある一定の値で線を引きたいときに利用します。ここでは、「20000000」（2000万、20M）を示す線を引いてみます。

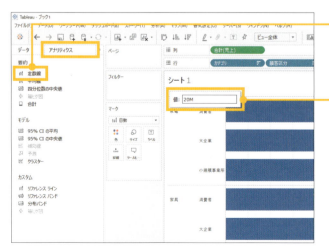

❶ 表を参考に「売上」を「カテゴリ」ごとに「顧客区分」で表す棒グラフを作成します。並べ替えなどを行い、見た目を整えておきます。

❷ [アナリティクス] ペインから [定数線] をビューにドロップします。

❸ 定数線を引く値を入力します。図のように「20000000」を「20M」と短縮形で入力しても適用されます。

④ 線の近くをクリックすると、[値の設定]、[編集]、[書式設定]、[削除]ができます。[編集]からラベルや線の色を変更でき、Tableau Desktopでは[書式設定]からフォントやラベルの配置などを変更できます。

⑤ [書式設定]をクリックします。

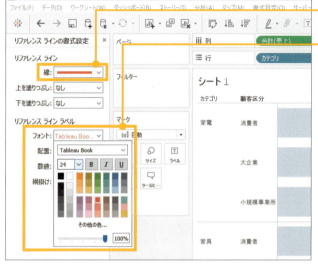

⑥ [線]を太くして、色を赤にします。

⑦ [フォント]のサイズを大きくして、色を赤にします。

⑧ 定数線のそばに「指定値：20,000,000」と表示させてみます。定数線の近くをクリックし、今度は[編集]をクリックします。

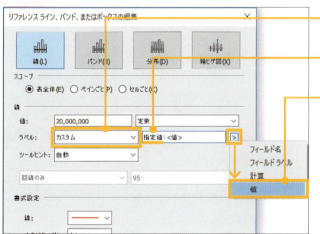

⑨ [ラベル]の[▽]をクリック＞[カスタム]をクリックします。

⑩ 隣にテキストボックスが出現するので、「指定値：」と入力します。

⑪ [＞]をクリック＞[値]をクリックします。テキストボックスに「指定値：＜値＞」と表示されます。

⑫ [OK]をクリックして画面を閉じます。

　図5.5.1は定数線の色や、ラベルの位置、色を調整したものです。手順❸で「20M」と入力しましたが、「20,000,000」と表示されています。

205

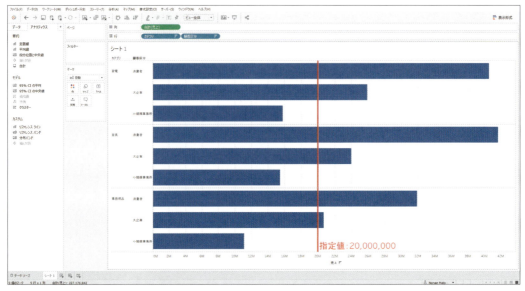

図5.5.1 作成した棒グラフと定数線

平均線

平均線は、ビュー全体や、ある範囲ごとに平均の線を引きたいときに利用します。ここでは、ビューに2種類の平均線を引いてみます。

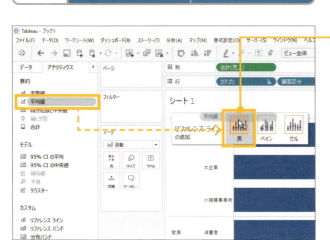

① 表を参考に「売上」を「カテゴリ」と「顧客区分」で表す棒グラフを作成します。並べ替えなどを行い、見た目を整えておきます。

② [アナリティクス] ペインから [平均線] をビューにドラッグし、[表] にドロップします。ビュー全体の平均値の線が表示されます

③ 同様に、[アナリティクス] ペインから [平均線] をビューにドラッグし、[ペイン] にドロップします。行や列の交点で作られた範囲、ここではすなわちカテゴリごとの平均値が表示されます。

定数線と同様、平均線も線の近くをクリックして表示される画面から、[編集] やTableau Desktopでは [書式設定] ができます。

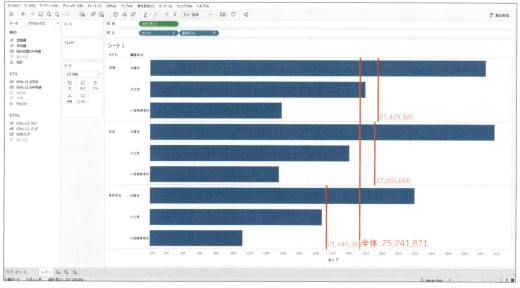

図5.5.2　ビュー全体と、カテゴリごとの平均線を引いてみた

5.5.2 傾向線

散布図や折れ線グラフなどで上昇・下降といった傾向を確認したいときに、傾向線を利用します。

① 表を参考に「製品名」別の「売上」と「利益」の関係を表す散布図を作成します。

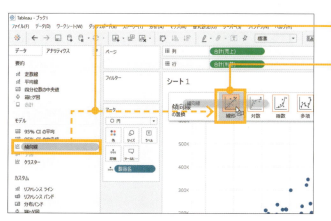

② ［アナリティクス］ペインの［傾向線］をビューにドラッグします。

③ 傾向線は5種類から選択できます。ここでは直線で表す［線形］にドロップします。

傾向線をマウスオーバーすると、傾向線の式が表示されます。

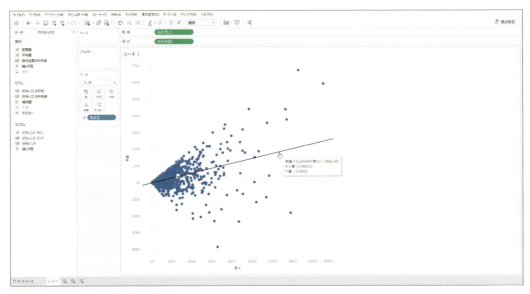

図5.5.3　散布図に傾向線を引いた

COLUMN

図5.5.3で示されている傾向線の式について、少しだけ解説します。傾向線の式は最小二乗推定法を使用しています。詳しくは統計についての専門書を参照してください。

P値は、傾向線が偶然出てきた線ではない、信頼できる線であるかどうかを確認する値です。一般的に、5％または1％未満であれば問題ないとされています。

R-2乗値は、決定係数や寄与率と呼ばれる値で、その式がそのデータにどの程度あてはまっているかを表す値です。明確なしきい値はありませんが、たとえば「0.2以上であれば問題ない」、「0.5以上のみを対象とする」など、目安を決めて扱います。

　先ほどはビュー全体の傾向線を引きましたが、［マーク］カードの［色］にディメンションが追加されると、その項目ごとに傾向線が分かれます。図5.5.4は図5.5.3のビューで［マーク］カードの［色］に、［データ］ペインから「カテゴリ」を追加し、見た目を整えた例です。
　全体の傾向線だけを表したい場合は、ビューを右クリック＞［傾向線］＞［傾向線の編集］をクリックし、表示された画面で［色ごとの傾向線を許可］のチェックを外します。

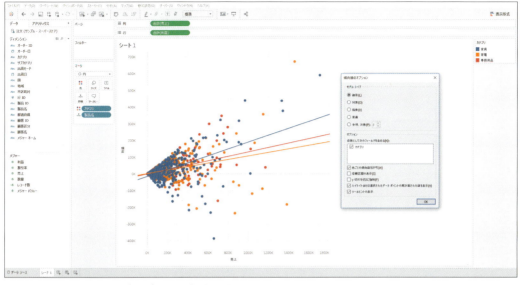

図5.5.4 散布図にカテゴリごとの傾向線を引いた

5.5.3 予測

時系列の推移を表すとき、簡単に将来の予測を出すことができます。ここでは過去のデータから、上昇・下降の傾向や季節変動があるかを判断して予測します。

❶ 表を参考に「オーダー日」の月ごとに「売上」を表す折れ線グラフを作成します。

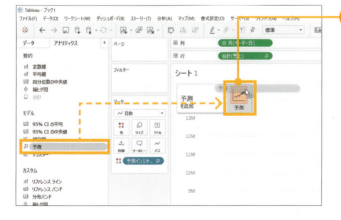

❷ [アナリティクス] ペインの [予測] をビューにドラッグし、[予測] にドロップします。

濃い線が予測値です。薄い網掛け部分は、95％の確率でその範囲に予測値が収まることを意味しています。

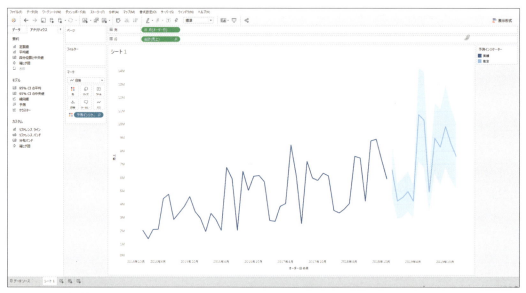

図5.5.5　予測線を示した

 Tableauでは予測線の計算に指数平滑法を使用しています。指数平滑法からなる8つのモデルの中から最適なモデルを自動的に適用して表示しています。指数平滑法とは、傾向と季節変動を考慮した予測の方法です。指数平滑法の詳細については統計についての専門書をご覧ください。

5.5.4 クラスター

　クラスター分析とは、指定した数にマークをグループ分けする機能のことをいいます。優良製品群や問題製品群などにまとめることを目的として、売上と利益の観点から製品をグループ分けしていきます。人間がしきい値を考えて分けるのではなく、データから統計的に分けることができます。

[列]	合計（売上）
[行]	合計（利益）
[マーク] カードの [詳細]	製品名

❶ 表を参考に「製品名」別の「売上」と「利益」の関係を示す散布図を作成します。

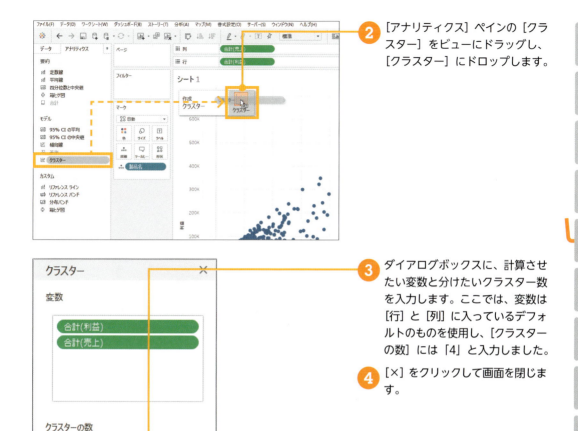

② [アナリティクス] ペインの [クラスター] をビューにドラッグし、[クラスター] にドロップします。

③ ダイアログボックスに、計算させたい変数と分けたいクラスター数を入力します。ここでは、変数は [行] と [列] に入っているデフォルトのものを使用し、[クラスターの数] には「4」と入力しました。

④ [×] をクリックして画面を閉じます。

クラスターは色で表現されます。図5.5.6で示すように、4つに色分けされています。右上に位置する赤いクラスター3は、優良製品群であると判断できます。

> Tableauのクラスター分析は、k-means法を使用しています。k-means法とは、クラスターの中心地を選び、各中心地に近いマークを割り当て、それらの中心地を計算する、という処理を繰り返してクラスターを決定するものです。詳細については統計についての専門書を参考にしてください。

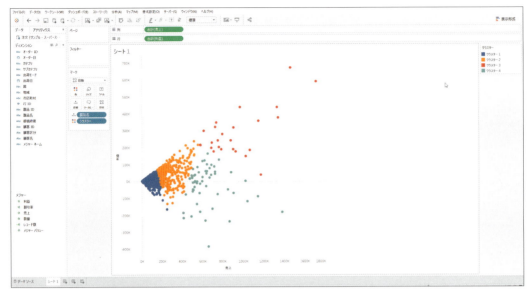

図5.5.6　クラスター分析の例

なお、[色]にある「クラスター」を[データ]ペインにドロップすると、グループとして1つのフィールドになるので、各クラスターに特徴を表す名前を与えたり、他のシートでも利用したりできるようになります。

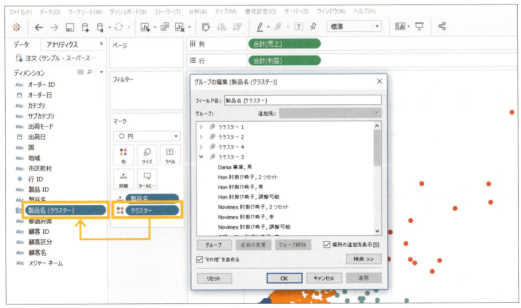

図5.5.7　他のシートでも利用できるようにするには[データ]ペインにドロップする

ダッシュボードと
ストーリーの作成

シートで図表を作成したら、それらをダッシュボードにまとめます。様々な角度から可視化したシートを組み合わせ、複数のフィルターで絞り込むことで、今まで気づかなかったインサイトが得やすくなります。シートやダッシュボードで得られたインサイトを説明するときは、Tableauのインタラクティブ性を活かせるストーリー機能を使っても良いでしょう。

ダッシュボード作成の基本

本節では、基本的なダッシュボードの作成方法を紹介します。有益なインサイトを得るには、シートをいかに組み合わせるかが重要です。シートの入れ替えやシートの再作成を繰り返しながら、新しい気づきを得られるわかりやすいダッシュボードとなるよう工夫しましょう。ダッシュボード上でシートにどのような効果を与えられるのかをしっかり理解できると、Tableauの自由度が格段に上がります。本節でもTableau Desktopに同梱されている「サンプル - スーパーストア.xls」を使用しています。

6.1.1 ダッシュボードの作り方

ここでは、図6.1.1、図6.1.2、図6.1.3に示す3つのシートを作成した状態から、ダッシュボードを作成していきます。

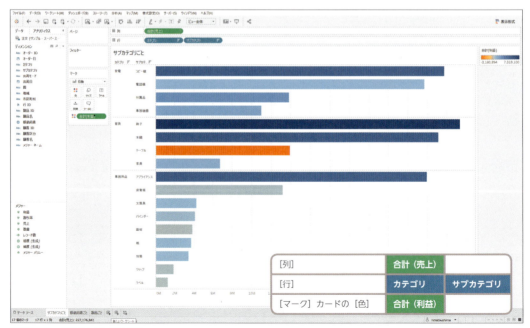

図6.1.1　サブカテゴリごと

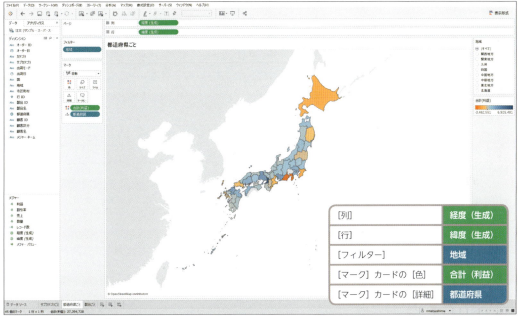

図6.1.2　都道府県ごと

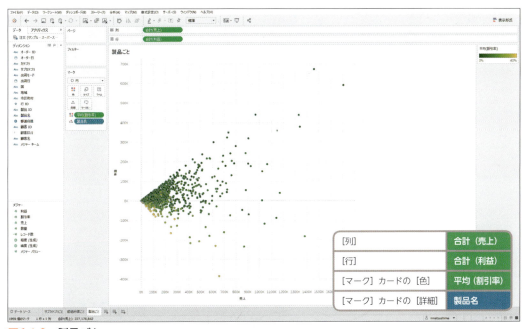

図6.1.3　製品ごと

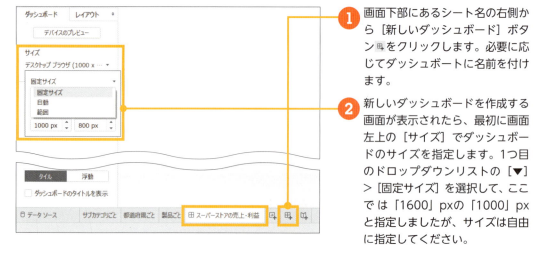

① 画面下部にあるシート名の右側から[新しいダッシュボード]ボタン🗔をクリックします。必要に応じてダッシュボードに名前を付けます。

② 新しいダッシュボードを作成する画面が表示されたら、最初に画面左上の[サイズ]でダッシュボードのサイズを指定します。1つ目のドロップダウンリストの[▼]＞[固定サイズ]を選択して、ここでは「1600」pxの「1000」pxと指定しましたが、サイズは自由に指定してください。

③ 作成したダッシュボードにシートを追加していきます。既存のシートは、[ダッシュボード]ペインの中央にある[シート]に並んでいます。ここでは、最初に「サブカテゴリごと」を画面中央にドロップし、続けて「都道府県ごと」「製品ごと」をドロップします。2つ目以降のシートは配置されるエリアがグレーで表示されるので、目的の位置でドロップします。

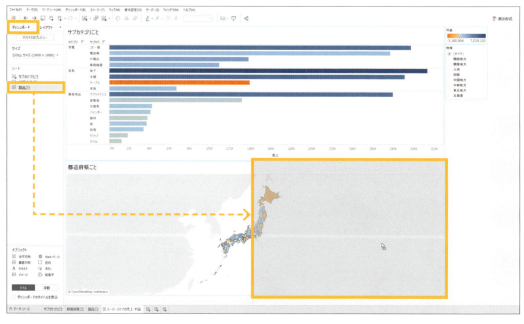

ダッシュボードにシートが3つ並びました。

216

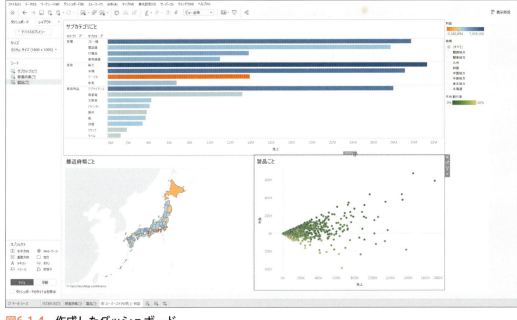

図6.1.4　作成したダッシュボード

　配置後、各シートの位置を変更するには、動かしたいシートをクリックしてグレーの枠線を表示させ、上部に出現するグリッドをドラッグして動かします。また、グレーの枠線を動かしてシートの大きさを変更することもできます。

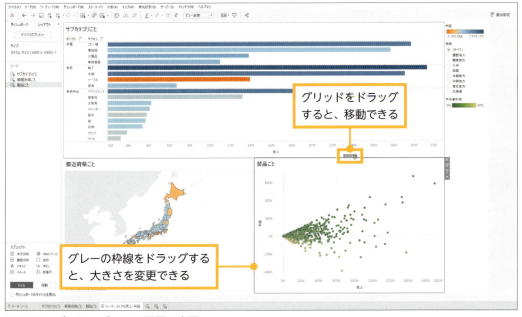

図6.1.5　ダッシュボードの配置を変更

217

■ ダッシュボードのサイズの指定方法

手順❷で表示される1つ目のドロップダウンリストでは、［固定サイズ］、［自動］、［範囲］のいずれかを選択できます。

［固定サイズ］を選んだ場合、2つ目のドロップダウンリストで表示される、あらかじめ用意されたサイズの組み合わせから選ぶか、［幅］と［高さ］を指定します。［固定サイズ］に設定した場合、どんなサイズの画面でも指定した「固定」のサイズで表示されます。このため、必ず意図した通りに表示させることができます。Tableau Server・Tableau Onlineではパフォーマンスが良くなるメリットがあるので、共有する場合は［固定サイズ］にしましょう。

［自動］にした場合、画面全体に表示されるよう、ビューの大きさが自動的に変更されます。画面のサイズによって、その都度、見え方が変わることになり、意図したものとは違った見え方になるため、他人との共有には向きません。

［範囲］は、指定の範囲内で拡大・縮小されます。

6.1.2 フィルターを他のシートに適用

あるシートでかけたフィルターを、ダッシュボード上で他のシートにも反映できます。たとえば、ダッシュボード上の地図である地域だけを表示させたら、他のシートにもそのフィルターが反映されるように設定できるのです。ここでは、図6.1.4で作成したダッシュボードを例に説明します。

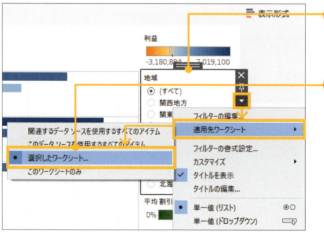

❶ ダッシュボードの右上にある「地域」のフィルターをクリックします。

❷ 上部に現れるツールタブの［▼］＞［適用先ワークシート］＞［選択したワークシート］（もしくは［このデータソースを使用するすべてのアイテム］）をクリックします。

3 手順❷で［選択したワークシート］をクリックした場合は、開いた画面でフィルターを適用させたいシートにチェックを入れます。

4 ［OK］をクリックして画面を閉じます。

　フィルターを適用したシートに移動して、［フィルター］に「地域」が入っていることを確認しましょう。1つのフィルターで複数のシートに適用できたことがわかります。

図6.1.6　ダッシュボードのフィルターがシートにも適用される

6.1.3 オブジェクトの利用

　オブジェクトとは、シートを複数含めるレイアウト用のコンテナや空白や画像を配置するスペースなどのことを指し、その用途は様々です。オブジェクトを使いこなすと、ダッシュボードをより思い通りに作れるようになります。

　オブジェクトは［ダッシュボード］ペインの下にまとめられており、そこからドロップして使用します。

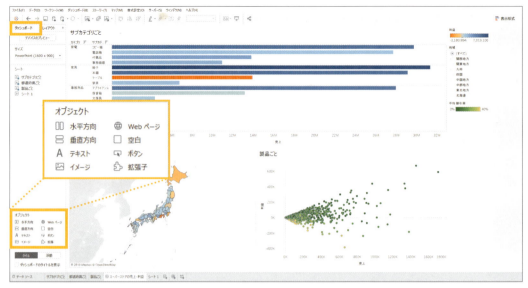

図6.1.7 左下にあるオブジェクトから用途に応じて選択、ドロップして使用

■ シートやオブジェクトの配置方法

　シートやオブジェクトをダッシュボードに配置するとき、デフォルトの設定ではタイルを床に貼り付けるようにそれぞれが重なり合わずに配置されます。しかし、スペースやレイアウトの都合上、シートやオブジェクトの上にそれらを重ねて配置したいこともあるでしょう。Tableauでは前者の配置方法を「タイル」、後者の配置方法を「浮動」と呼んでいます。

　配置方法を切り替えるには、ダッシュボードの画面左下にある［タイル］と［浮動］をクリックするだけです。切り替えてから、シートやオブジェクトをドロップします。ドロップしてから配置方法を変更するには、対象のオブジェクト ＞ 右上に現れるツールタブの［▼］＞［浮動］をクリックして行います。

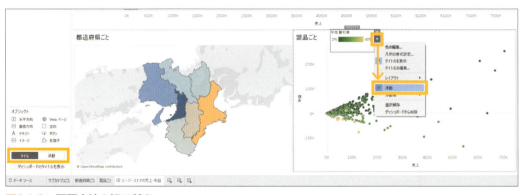

図6.1.8 配置方法の切り替え

水平方向と垂直方向のオブジェクト

　水平方向と垂直方向のオブジェクトは、配置を調整するときに使います。水平方向のオブジェクトの中にはシートやオブジェクトを含めることができ、含めたものは必ず水平方向、すなわち横方向に並びます。垂直方向のオブジェクトの中に含めたものは必ず垂直方向、すなわち縦方向に並びます。

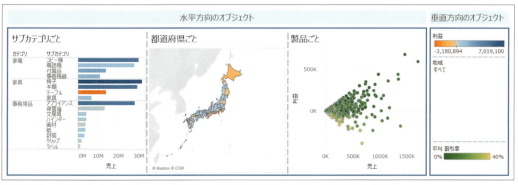

図6.1.9　水平方向のオブジェクトは横に、垂直方向のオブジェクトは縦に並ぶ

　このように、水平方向と垂直方向のオブジェクトは、オブジェクトの中にシートやオブジェクトが入るので、コンテナーとも呼ばれます。

　各シートやオブジェクトがどのコンテナーに配置されているか知りたいときは、その要素をクリックし、表示される上部のグリップをダブルクリックして表示される青い枠線で確認します。

　コンテナー内の要素を、均等の幅や高さに指定することもできます。水平方向と垂直方向のオブジェクト＞右上に現れるツールタブの矢印［▼］＞［コンテンツの均等配置］とクリックすると、コンテナーの中に含まれるシートやオブジェクトが等間隔で並びます。

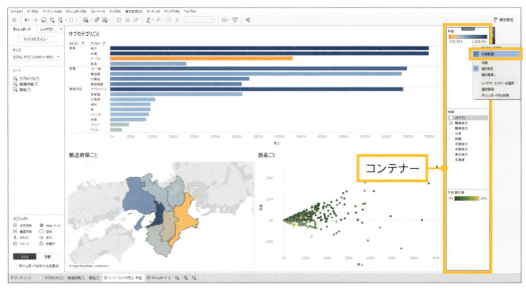

図6.1.10 右のコンテナー内でオブジェクトを均等配置した

■ ［テキスト］オブジェクト、［イメージ］オブジェクト、［空白］オブジェクト

　オブジェクトの中でも［テキスト］、［イメージ］、［空白］のオブジェクトはダッシュボード上できれいにレポートを作成したいときなどに使用します。順番に説明していきましょう。

　［テキスト］オブジェクトには文字を入力できます。データが更新されても変わらない情報や、ダッシュボードの操作方法の説明などを入力しておきます。

　［イメージ］オブジェクトには画像を挿入できます。この［イメージ］オブジェクトに企業のロゴを入れてダッシュボードの上部に配置、といった使い方をよくします。［イメージ］オブジェクトの中に画像をきれいに収めるには、［イメージ］オブジェクト ＞ 右上に現れるツールタブの［▼］＞［イメージを合わせる］もしくは［イメージを中央に配置］をクリックして調整します。

　［空白］オブジェクトは、シートや他のオブジェクトを［タイル］で配置する際、レイアウトの調整用に使われます。

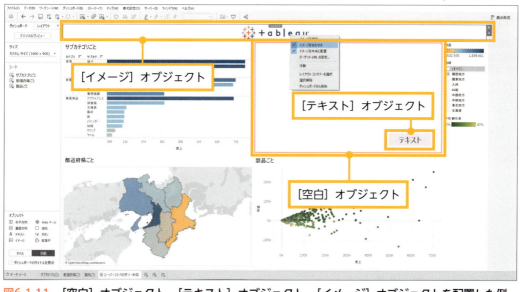

図6.1.11 ［空白］オブジェクト、［テキスト］オブジェクト、［イメージ］オブジェクトを配置した例

■ ［Webページ］オブジェクト

［Webページ］オブジェクトをドロップし、テキストボックスの中にURLを入力すると、そのサイトを表示できます。➡6.2.4で説明するURLアクションを使えば、他のシートで選択した情報を引き継いだURLのページを表示できます。

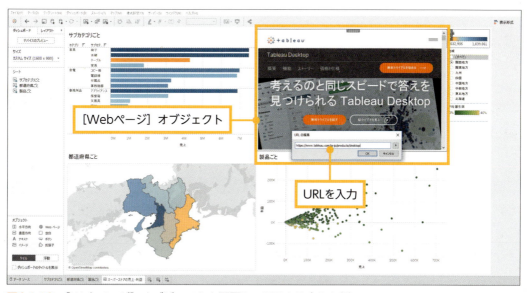

図6.1.12 ［Webページ］オブジェクトを配置してURLを入力した例

■ [ボタン] オブジェクト

　[ボタン] オブジェクトは、そのボタンをクリックして指定したシートやダッシュボード、ストーリーに移動するように設定できます。[ボタン] オブジェクトをドロップ > ツールタブの [▼] > [ボタンを編集] をクリックし、表示された画面で移動先とダッシュボード上にボタンとして表示する画像を設定します。編集画面では、[Alt] キーを押しながらクリックすると移動できます。

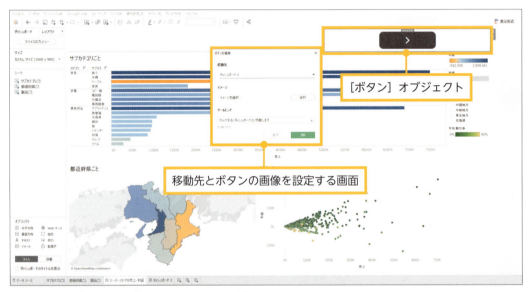

図6.1.13　[ボタン] オブジェクトを配置した例

COLUMN

　[拡張] オブジェクトを使うと、Tableauには標準装備されてない機能（拡張機能）をダッシュボード上で簡単に利用できるようになります。[拡張] オブジェクトをドロップ > [拡張ギャラリー] をクリックすると、ダッシュボードで利用可能な拡張機能を一覧できるサイト（https://extensiongallery.tableau.com/）に移動します。Tableauだけでなくサードパーティが開発したものもあり、簡単な操作で複雑なチャートを作成できるものや機械学習機能を取り入れられるものなど、多数用意されています。欲しい機能があれば [ダウンロード] してください。有償のものと無償のものがあります。

　なお、ダウンロードするには、Tableauのサイトへサインインする必要があります。

　ファイルをダウンロードした後、[拡張] オブジェクトをドロップ > [拡張] からダウンロードしたファイルを指定すると、拡張機能を利用できるようになります。拡張機能の詳細についてはTableauのヘルプなどを参照してください。

［拡張］オブジェクトをドロップすると表示される画面

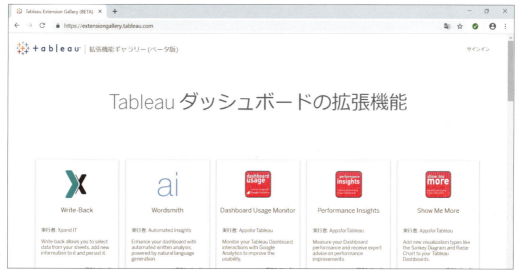

Tableauダッシュボードの拡張機能（https://extensiongallery.tableau.com/）

6.1.4 レイアウトの設定

　ダッシュボード上で対象のシートやオブジェクトをクリック＞画面左上の［レイアウト］ペインで、レイアウトの詳細を設定することができます。タイトルの表示・非表示、枠線の有無や色、背景色、枠の外側・内側の空白の有無などの設定が可能です。配置方法が［浮動］の場合は、正確な位置を指定することができます。

225

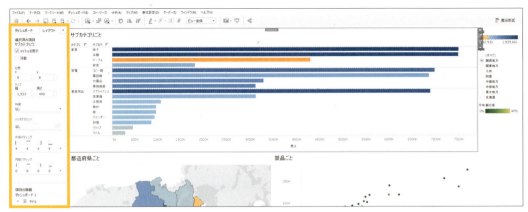

図6.1.14 ［レイアウト］ペインで詳細を設定できる

6.1.5 デバイス別のサイズ設定

　ダッシュボードのサイズは、デスクトップ、タブレット、スマートフォンに最適なサイズで表示できるように指定できます。デバイスのディスプレイのサイズに合わせて表示が切り替わる仕組みです。デバイス用のレイアウトを設定していない場合は、既定のサイズで表示されます。ここでは、タブレットで最適な形で表示できるようにしてみます。

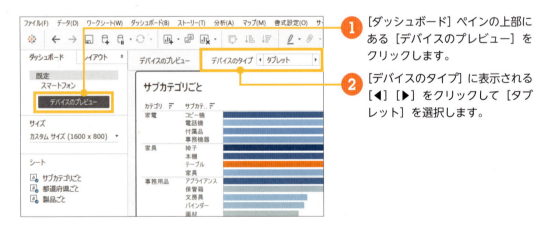

① ［ダッシュボード］ペインの上部にある［デバイスのプレビュー］をクリックします。

② ［デバイスのタイプ］に表示される［◀］［▶］をクリックして［タブレット］を選択します。

❸ [モデル] に表示される [◀] [▶] をクリックしてデバイスを選択します。

❹ [タブレット レイアウトの追加] をクリックします。

　[ダッシュボード] ペインを確認すると、[サイズ] に [すべてを合わせる] が選択され、すべての要素がタブレット1枚に収まるように縮小されました。

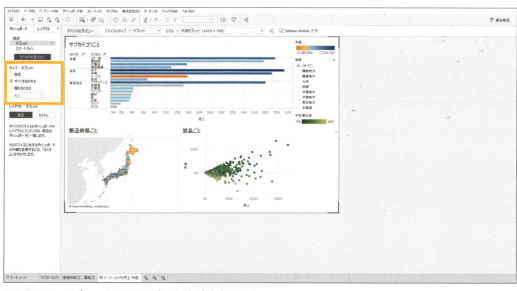

図6.1.15　タブレットのサイズに全体が縮小された

　図6.1.16は手順❷の [デバイスのタイプ] で [スマートフォン] を選択したものです。[ダッシュボード] ペインにある [実行する操作] は、デフォルトだと [自動レイアウトを使用] が選択されます。ここでは [自分でレイアウトを編集] に変更し、スマートフォンで表示されると画面が煩雑になるオブジェクトを削除しています。

　なお、既定以外のデバイス用レイアウトで不要なシートやオブジェクトを削除しても、[既定] のレイアウトでは削除されずに残ります。

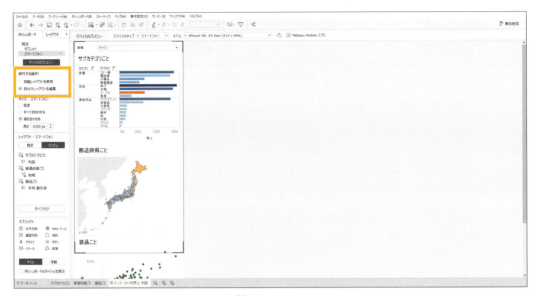

図6.1.16　スマートフォン用のレイアウトの例

アクションの活用

Tableauの醍醐味は、図表の中で気になったところをタッチすると、その項目で深堀できるところです。その機能を担うのがアクションです。マウスオーバーやクリックなどの操作によって、フィルター、ハイライト、リンク先の表示といったアクションが起こります。いかにうまくビューとアクションを組み合わせられるかで、ダッシュボードの価値が変わります。

6.2.1 フィルターアクション（1クリック）

フィルターアクションとは、ビューに対して何らかの操作を行うことで、他のビューにフィルターをかける機能のことをいいます。最初に、1クリックで同じダッシュボード上の他のすべてのシートにフィルターがかかる方法を紹介します。ここでは、●6.1.1で紹介した図6.1.4のダッシュボードを例に解説していきます。

❶ フィルターをかける元となるシートをクリックして、グレーの枠線を表示します。ここでは「サブカテゴリごと」のシートを選択しています。

❷ 表示されるツールタブにある［フィルターとして使用］アイコン▽を1クリックし、白く塗りつぶした状態▼にします。

これでフィルターアクションが設定できました。このシート上の項目を選択すると、同一ダッシュボード内にある他のシートは、その項目でフィルターされます。選択するのはラベルでも複数のマークでも構いません。

フィルターを解除するには、同じマークを選択するか、ビュー内の空白部分を選択するか、[Esc]キーを押します。

229

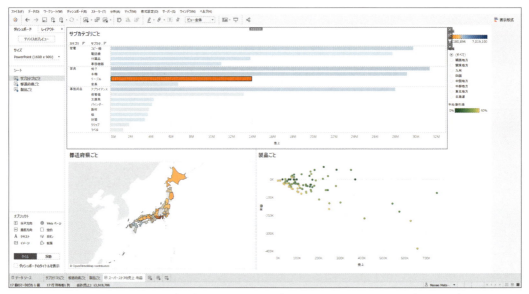

図6.2.1　フィルターアクションが設定されて、「テーブル」でフィルターされたダッシュボード

　フィルターアクションでフィルターされたシートを確認すると、アクションによって生成されたフィルターが追加されていることがわかります。ここでは、「製品ごと」シートで確認しています。「カテゴリ」と「サブカテゴリ」でフィルターされていることが確認できます。

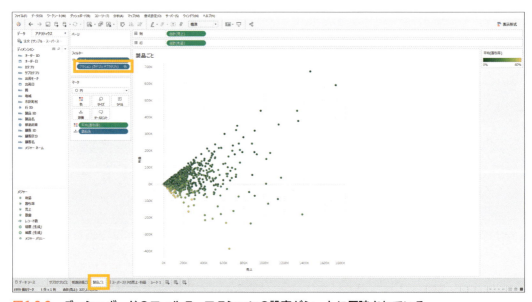

図6.2.2　ダッシュボードのフィルターアクションの設定がシートに反映されている

COLUMN

フィルターアクションによって生成されたフィルターを、さらに他のシートにも適用することができます。ダッシュボードが複数存在するとき、1つ目のダッシュボードでフィルターした条件を、2つ目以降のダッシュボードにも適用したいときなどに利用すると便利です。

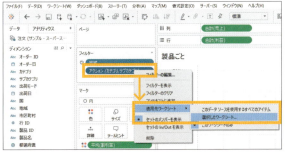

［フィルター］に追加されたピルを右クリック ＞［適用先ワークシート］＞［選択したワークシート］もしくは［このデータソースを使用するすべてのアイテム］をクリックするだけです。

6.2.2 フィルターアクション（詳細設定）

→6.2.1では1クリックで適用できる簡易なフィルターアクションを紹介しましたが、より詳細に設定することも可能です。→6.2.1で設定したフィルターアクションの設定で、詳細なフィルターアクションの設定方法を説明します。

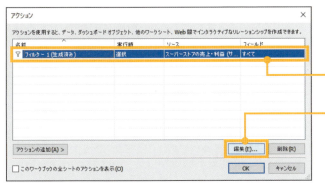

1. メニューバーから［ダッシュボード］＞［アクション］をクリックします。
2. →6.2.1で設定したアクションをクリックします。
3. ［編集］をクリックします。
4. 次の画面で、後述する内容を参考に詳細なアクション内容を設定してください。
5. 設定後、［OK］をクリックして画面を閉じます。

図6.2.3は手順❸で表示される画面です。上手にある［ソースシート］とは、クリック（選択）やポイント（マウスオーバー）といったアクションを実行するシートのことで、［ターゲットシート］とはフィルターなどのアクションが適用されるシートのことです。

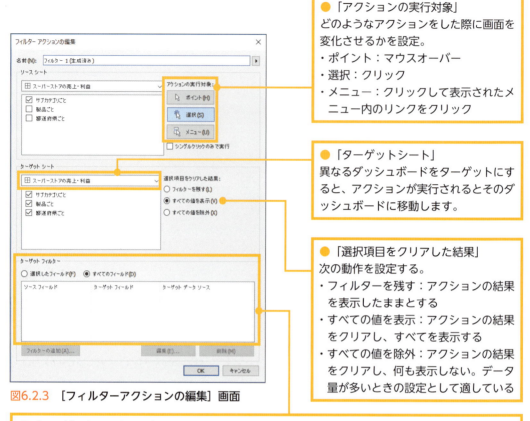

● 「アクションの実行対象」
どのようなアクションをした際に画面を変化させるかを設定。
・ポイント：マウスオーバー
・選択：クリック
・メニュー：クリックして表示されたメニュー内のリンクをクリック

● 「ターゲットシート」
異なるダッシュボードをターゲットにすると、アクションが実行されるとそのダッシュボードに移動します。

● 「選択項目をクリアした結果」
次の動作を設定する。
・フィルターを残す：アクションの結果を表示したままとする
・すべての値を表示：アクションの結果をクリアし、すべてを表示する
・すべての値を除外：アクションの結果をクリアし、何も表示しない。データ量が多いときの設定として適している

図6.2.3 ［フィルターアクションの編集］画面

● 「ターゲットフィルター」
［選択したフィールド］から、どのフィールドでアクションを実行するか、設定できます。たとえば［選択したフィールド］＞［フィルターの追加］をクリックし、次の画面で［フィールド］に「カテゴリ」を指定したとします。このように設定後、図6.2.1のようにダッシュボード上でサブカテゴリである「テーブル」をクリックしても、他のシートでは「テーブル」が所属する「カテゴリ」である「家具」でフィルターされます。

アクションを設定したときは、どんな操作をすると何が起こるのか、タイトルや［テキスト］オブジェクトなどを使って画面上に記載するのがベストプラクティスです。他人が作成したダッシュボードは慣れないとわかりづらいものです。できるだけ親切なビューとなるよう、心掛けることが大切です。

タイトルの中でアクションを説明した

6.2.3 ハイライトアクション TD TS TO TP

　ハイライトアクションとは、選択した部分をハイライトさせ、それ以外の部分を薄いグレーで表示するものです。フィルターのように対象のマークだけに絞ることはしないので、全体の中で選択したマークの位置づけを把握したり、他のマークと比較したりするときに使います。ビューの中で選択する以外に、凡例やハイライターからハイライトさせることもできます。

　ここでは、➡6.1.1で紹介した図6.1.4のダッシュボードを例に解説していきます。

■ アクションによるハイライト

　ビューを操作することで、他のシートをハイライトさせることができます。「サブカテゴリごと」と「製品ごと」で、共通するカテゴリでハイライトさせます。

① 「製品ごと」のシートで、[データ] ペインから「カテゴリ」を [マーク] カードの [詳細] にドロップします。これで、「製品ごと」もカテゴリレベルでアクションの動作ができるようになります。

② メニューバーの [ダッシュボード] > [アクション] から、[アクションの追加] > [ハイライト] を選択します。

③ フィルターアクションと同様、「ソースシート」、「ターゲットシート」、「アクションの実行対象」、「ターゲットのハイライト」を指定します。

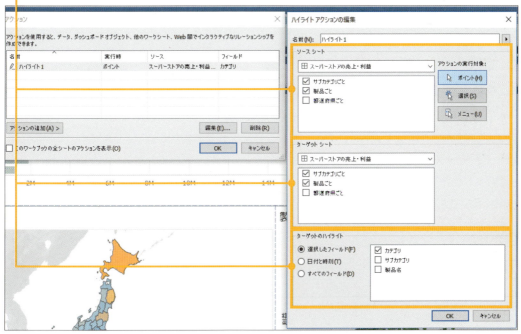

ここでは、「サブカテゴリごと」をマウスオーバーすると、「製品ごと」に対してカテゴリレベルでハイライトするよう設定しています。

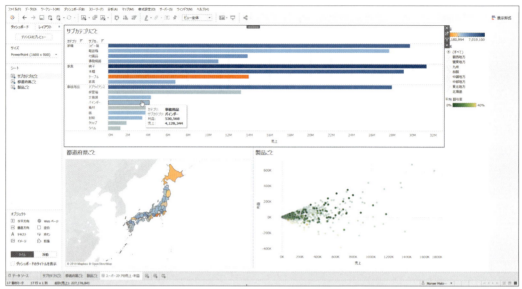

図6.2.4　「サブカテゴリごと」をマウスオーバーしたら、「製品ごと」が連動した

6.2.4 URLアクション

　ダッシュボード上のマークに連動したWebページを表示できます。Webページは、［Webページ］オブジェクトを配置している場合はダッシュボード上に表示し、配置していない場合はWebブラウザで表示します。ここでは、ダッシュボードで選択した製品ごとにGoogle検索の結果をダッシュボード上に表示させてみます。

　➡6.1.1で紹介した図6.1.4のダッシュボードの配置を調整し、図6.2.5のように「Google検索結果」という名前の［Webページ］オブジェクトを配置した状態から説明します。

　オブジェクトの名前は、対象のオブジェクト > 表示されるツールタブの［▼］>［ダッシュボード項目の名前変更］をクリックすると変更できます。

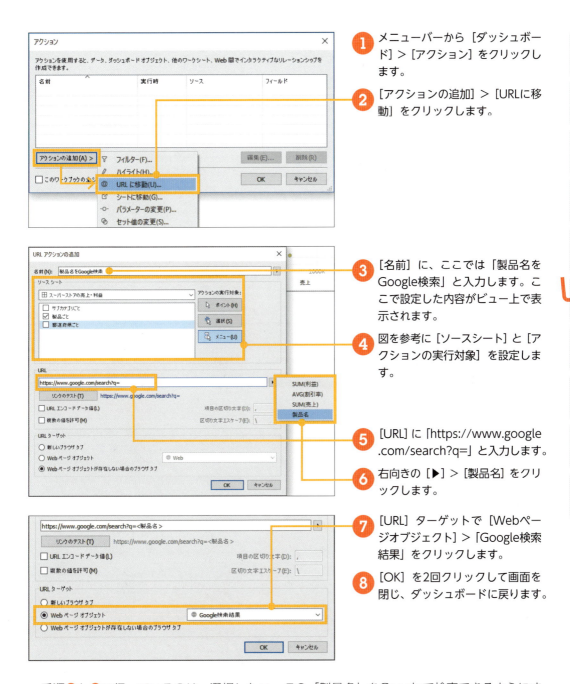

① メニューバーから [ダッシュボード] > [アクション] をクリックします。

② [アクションの追加] > [URLに移動] をクリックします。

③ [名前] に、ここでは「製品名をGoogle検索」と入力します。ここで設定した内容がビュー上で表示されます。

④ 図を参考に [ソースシート] と [アクションの実行対象] を設定します。

⑤ [URL] に「https://www.google.com/search?q=」と入力します。

⑥ 右向きの [▶] > [製品名] をクリックします。

⑦ [URL] ターゲットで [Webページオブジェクト] > 「Google検索結果」をクリックします。

⑧ [OK] を2回クリックして画面を閉じ、ダッシュボードに戻ります。

手順❺と❻で行っているのは、選択したマークの「製品名」をGoogleで検索できるようにする作業です。「製品ごと」でマークをクリックして表示されるメニューの [製品名をGoogle検索] をクリックすると、[Webページ] オブジェクトにGoogleの検索結果が表示されるようになりました。

235

対象製品の画像を動的に表示させたいときや、自社の製品情報ページを表示させたいとき、関連Webシステムにリンクでジャンプしたいときなどによく使われます。

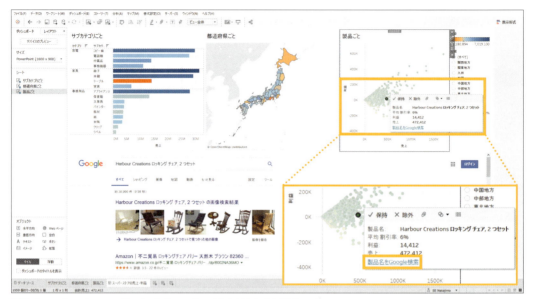

図6.2.5　［Webページ］オブジェクトに検索結果が表示された

　［Webページ］オブジェクトを含んだダッシュボードをTableau Server・Tableau Onlineにパブリッシュしても、Webページが表示されないことがあります。Webページの中にWebページを表示させることをセキュリティ上許可していない場合があるためです。その場合は、セキュリティ設定を変更するか、Webページをダッシュボード上に表示せずにWebブラウザで表示するようにしましょう。

6.2.5 シートに移動

　ビューを操作して、他のシート・ダッシュボード・ストーリーに移動するように設定することも可能です。→6.2.4までで作成したダッシュボードに手を加えていきますが、ここでは「ダッシュボート2」というダッシュボートがすでにあるものとしています。

236

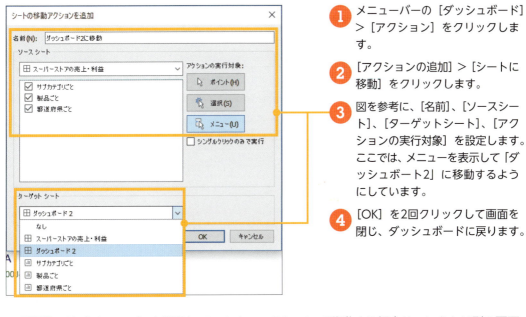

① メニューバーの［ダッシュボード］＞［アクション］をクリックします。

② ［アクションの追加］＞［シートに移動］をクリックします。

③ 図を参考に、［名前］、［ソースシート］、［ターゲットシート］、［アクションの実行対象］を設定します。ここでは、メニューを表示して「ダッシュボード2」に移動するようにしています。

④ ［OK］を2回クリックして画面を閉じ、ダッシュボードに戻ります。

手順❸では［メニュー］を選択しています。アクションで移動する場合は、いきなり別の画面に移動させるのではなく、［アクションの実行対象］を［メニュー］にすると使い勝手が良くなります。

図6.2.6　ビューからダッシュボートに移動できるようになった

別のシート・ダッシュボード・ストーリーに移動させたい場合、「ビューをクリックして移動」とするには、本項で扱ったメニューバーの［ダッシュボード］＞［アクション］＞［シートに移動］をクリックして設定していきます。「専用の画像をクリックして移動」とするには、➡6.1.3で扱った［ボタン］オブジェクトを使うことになります。

ストーリー

ストーリーとは、シートやダッシュボードを含む「ストーリーポイント」の集まりのことをいいます。それぞれのストーリーポイントに対してコメントを書けるので、Tableauのインタラクティブ性を活かして人に何かを伝えるときに重宝します。

6.3.1 ストーリーの作り方

ストーリー機能の基本的な使い方を紹介します。ストーリーの中にあるシートやダッシュボード1枚1枚からなる画面を、ストーリーポイントといいます。

ここでは、図6.1.4のダッシュボードがすでに作成してある状態から作業を進めます。

① 画面下部にあるシート名の右側から［新しいストーリー］アイコンをクリックします。

② 新しいストーリーを作成する画面が表示されたら、最初に画面左下の［サイズ］でストーリーのサイズを指定します。1つ目のドロップダウンリストの［▼］＞［固定サイズ］を選択してここでは「1600」pxの「1000」pxと指定しましたが、サイズは自由に指定してください。

先にストーリーを開いておくと、ダッシュボードのサイズをストーリーのサイズに合わせることもできます。［固定サイズ］の下のドロップダウンのリストに、作成したストーリーに合わせる項目が追加されます。

❸ 作成したストーリーにシート・ダッシュボードを追加します。シートやダッシュボードは［ストーリー］ペインに並んでいます。ここではダッシュボード［スーパーストアの売上・利益］を画面中央にドロップします。

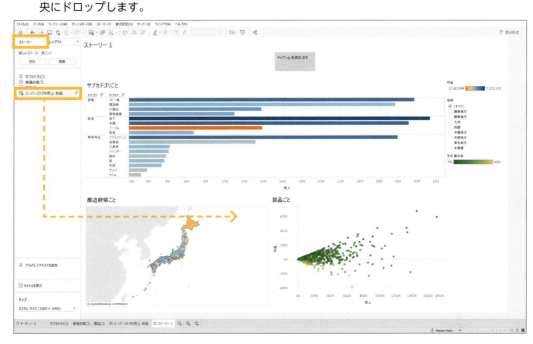

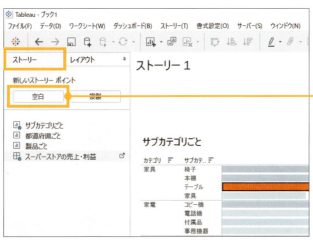

❹ 新しいストーリーポイントを追加します。［ストーリー］ペインにある［空白］をクリックし、ストーリーポイントが追加されたら、手順❸と同様にシートやダッシュボードをドロップします。

❺ ハイライトやフィルターなどを操作して別のストーリーポイントに移動すると、そのストーリーポイントは操作した状態で［更新］され、保存されます。

MEMO 手順❹ですでに作成したストーリーポイントを開いて［複製］をクリックすると、ストーリーポイントの複製が追加されます。

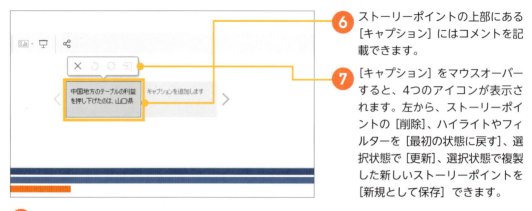

⑥ ストーリーポイントの上部にある[キャプション]にはコメントを記載できます。

⑦ [キャプション]をマウスオーバーすると、4つのアイコンが表示されます。左から、ストーリーポイントの[削除]、ハイライトやフィルターを[最初の状態に戻す]、選択状態で[更新]、選択状態で複製した新しいストーリーポイントを[新規として保存]できます。

⑧ 画面左上にある[レイアウト]ペインで、キャプションのスタイルを変更できます。

⑨ シート上に注釈を付けることも可能です。ここでは選択したマークにコメントします。注釈を付けたいマークをクリックします。

⑩ シート上で右クリック > [注釈を付ける] > [マーク]をクリックします。

⑪ 開いた画面でコメントを入力します。

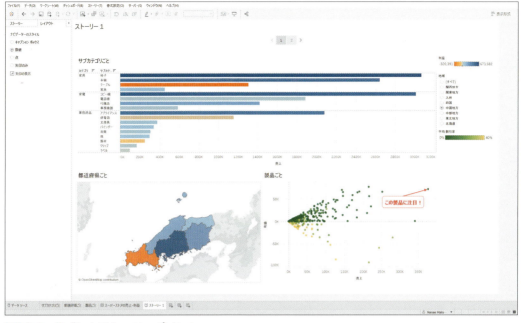

図6.3.1 作成したストーリーポイント

ストーリーで変更した選択状態や注釈は、シートやダッシュボードには反映されません。一方、シートやダッシュボードで選択状態や注釈を変更すると、ストーリーに反映されます。ストーリーでは、あくまで説明用に見せ方を変えているだけだからです。同じシートやダッシュボードを複数のストーリーポイントで使用できます。ストーリーポイントごとに選択状態を変えれば、異なるメッセージを伝えることも可能です。

6.3.2 ストーリーの使い方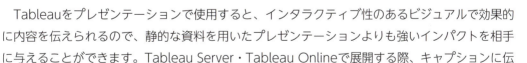

　Tableauをプレゼンテーションで使用すると、インタラクティブ性のあるビジュアルで効果的に内容を伝えられるので、静的な資料を用いたプレゼンテーションよりも強いインパクトを相手に与えることができます。Tableau Server・Tableau Onlineで展開する際、キャプションに伝えたいインサイトを記載してストーリーで共有する、という方法も考えられます。

　ビジュアル分析を行っているときに、発見したインサイトをコメントを付けて保存しておくのにも便利です。

　また、試行錯誤しながら分析を進めた結果、シートやダッシュボードがとても多くなってしまうことがあります。そんなときは、すぐには使わないシートやダッシュボードをストーリーに入れ、含めたシートやダッシュボードを非表示にする、という手もあります。ストーリーの名前を

241

右クリック ＞ ［すべてのシートを非表示］ を選択すると、シートやダッシュボード、ストーリーをすっきりと管理できます。

図6.3.2　シートを非表示にする

　Tableau Server・Tableau Onlineでは、表示する必要のないシートを右クリックし、［シートのパブリッシュ］のチェックを外すことで、編集画面を閉じたときに表示されなくなります。

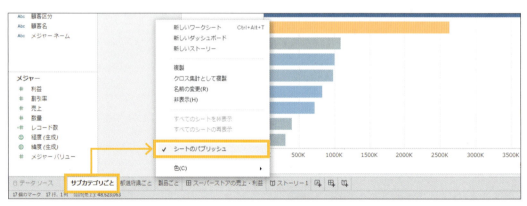

図6.3.3　Tableau Server・Tableau Onlineでシートを非表示にする

ワークブックの共有とエクスポート

本章では、Tableau DesktopやTableau Server・Tableau Onlineで作成したワークブックを活用する方法を扱います。ワークブックを共有するとき、ファイルを授受する共有に加えて、Tableau Server・Tableau Onlineを利用すると便利です。ワークブックを作成した製品と、それを開く製品のバージョンの違いも意識しましょう。また、可視化したビジュアルを、データや画像、PDF、PowerPointの形式でエクスポートすることもできます。

ワークブックの保存・ダウンロード・共有

Tableau DesktopやTableau Server・Tableau Onlineで作成したワークブックを他の人と共有する方法には、大きく2通りあります。1つ目は、ワークブックをファイルとして共有し、Tableau DesktopやTableau Readerで開く方法です。2つ目はワークブックをTableau Server・Tableau OnlineやTableau Publicにパブリッシュすることでwebからアクセスする方法です。Tableau Publicの活用方法はChapter10で扱います。

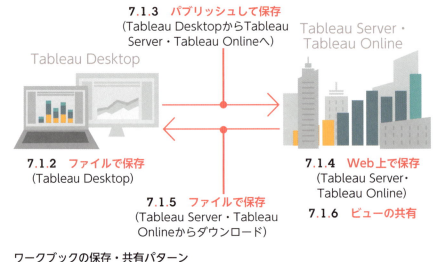

ワークブックの保存・共有パターン

7.1.1 ワークブックの保存形式（.twbと.twbx）

　ワークブックの保存形式は2種類あります。拡張子が.twbの「ワークブック」と、拡張子が.twbxの「パッケージド ワークブック」です。ワークブックはデータを含みませんが、パッケージド ワークブックは抽出したデータを含んで保存できます。

図7.1.1　ワークブックの2種類の保存形式

■ ワークブック（.twb）

　ワークブック（.twb）はシートや計算フィールド、パラメーター、書式設定などTableauで作成した内容が含まれます。これは、XML形式で構成され、保存時のデフォルトの形式です。データソースを含まないので、ワークブックを開いてからビューを表示するには、データソースにアクセスする必要があります。ワークブックを利用すると、ファイルサイズやデータ漏えいを心配することなく使えるというメリットがあります。

■ パッケージド ワークブック（.twbx）

　パッケージド ワークブックは、ワークブックに加え、データソースや関連する情報をパッケージ化した圧縮ファイルです。含めることができるデータソースは、抽出ファイル（.hyperや.tde）、テキストファイル（.csvや.txtなど）、Microsoft Excelファイル、Microsoft Accessファイル、ローカルキューブファイルです。使用した画像や場所の情報も含みます。
　データソースを抽出して、パッケージド ワークブックで保存すると、Tableau Readerで開くことができます。

> パッケージド ワークブック（.twbx）はzipファイルなので、ワークブック（.twb）とデータなどのファイルに分割できます。
> ・Windowsの場合：ファイル名を右クリック ＞ ［アンパッケージ］を選択します。
> ・Macの場合：ファイル名の拡張子を.twbxから.zipに変換して、ダブルクリックします。

7.1.2 ファイルで保存

Tableau Desktopで、開いたワークブックを保存します。

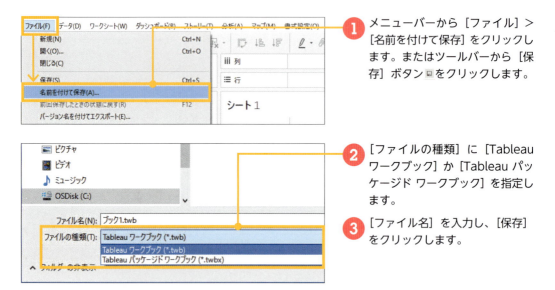

① メニューバーから [ファイル] > [名前を付けて保存] をクリックします。またはツールバーから [保存] ボタン をクリックします。

② [ファイルの種類] に [Tableau ワークブック] か [Tableau パッケージド ワークブック] を指定します。

③ [ファイル名] を入力し、[保存] をクリックします。

7.1.3 パブリッシュして保存 (Tableau DesktopからTableau Server・Tableau Onlineへ)

Tableau Desktopで作成したワークブックを、Tableau Server・Tableau Onlineにパブリッシュして保存することで、他のユーザーと共有できるようになります。

※Tableau Onlineへのサインイン

① メニューバーから [サーバー] > [サインイン] をクリックし、Tableau Server・Tableau Onlineにサインインします。
Tableau Serverの場合、サーバー名、ユーザー名、パスワードを入力します。
Tableau Onlineの場合、左下のリンク [Tableau Online] をクリックし、ユーザー名、パスワードを入力します。

② [サーバー] > [ワークブックのパブリッシュ] を選択します。[ワークブックのパブリッシュ] で、❸ 以下の設定を行います。

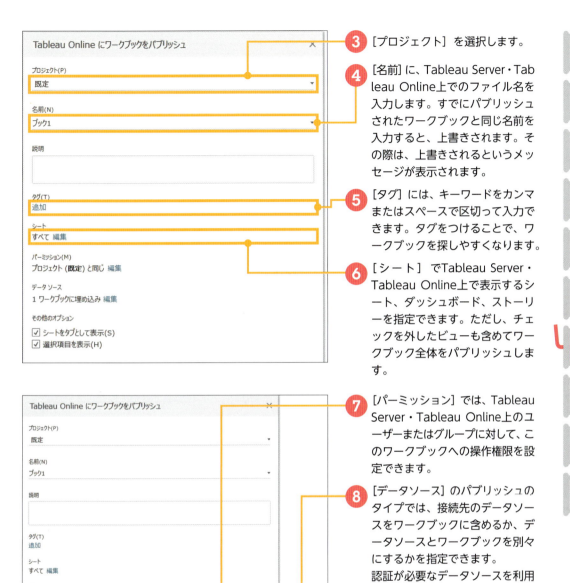

❸ [プロジェクト] を選択します。

❹ [名前] に、Tableau Server・Tableau Online上でのファイル名を入力します。すでにパブリッシュされたワークブックと同じ名前を入力すると、上書きされます。その際は、上書きされるというメッセージが表示されます。

❺ [タグ] には、キーワードをカンマまたはスペースで区切って入力できます。タグをつけることで、ワークブックを探しやすくなります。

❻ [シート] でTableau Server・Tableau Online上で表示するシート、ダッシュボード、ストーリーを指定できます。ただし、チェックを外したビューも含めてワークブック全体をパブリッシュします。

❼ [パーミッション] では、Tableau Server・Tableau Online上のユーザーまたはグループに対して、このワークブックへの操作権限を設定できます。

❽ [データソース] のパブリッシュのタイプでは、接続先のデータソースをワークブックに含めるか、データソースとワークブックを別々にするかを指定できます。
認証が必要なデータソースを利用している場合、認証資格情報（ユーザー名やパスワード等）を埋め込むことができます。そうすることで、認証資格情報を再度入力することなく、ライブ接続であればビューが表示され、抽出接続であれば抽出ファイルが更新できます。

❾ [パブリッシュ] をクリックします。パブリッシュが完了すると、ウェブブラウザが立ち上がり、パブリッシュしたTableau Server・Tableau Onlineのページが表示されます。

247

7.1.4 Web上で保存 (Tableau Server・Tableau Online)

　Tableau Server・Tableau Online上で、作業したワークブックを保存して共有します。ワークブックを作成したときと、パブリッシュされたワークブックを編集したときに使います。

① メニューバーから［ファイル］＞［保存］もしくは［名前を付けて保存］を選択します。

② 手順❶で［名前を付けて保存］を選択した場合、ワークブック名を入力し、［プロジェクト］で保存するプロジェクトを選択します。

パブリッシュされたワークブックの編集時、［保存］はグレーアウトされていることがあります。ワークブックの所有者、すなわちデフォルトではワークブックをパブリッシュしたユーザーのみが、［保存］できます。所有者以外のユーザーが上書き保存したいときは［名前を付けて保存］を選択し、上書き保存したいワークブックと同じ名前を入力します。

7.1.5 ファイルで保存 (Tableau Server・Tableau Onlineからダウンロード)

　Tableau Server・Tableau Onlineにパブリッシュされているワークブックをダウンロードすれば、手元にワークブックを取得できます。

248

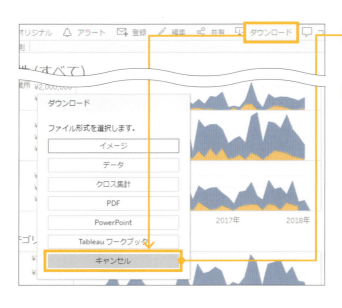

① ビューの右上にある[ダウンロード]から[Tableauワークブック]を選択します。

② ワークブックがダウンロードされます。

7.1.6 ビューの共有　TD TS TO TP

　Tableau Server・Tableau Onlineで共有されたワークブックは、URLを共有するほか、Webページにビューを埋め込むこともできます。

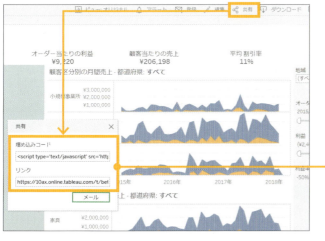

① ビューの右上にある[共有]から[埋め込みコード]を使って、Webページに簡単にビューを埋め込めます。[リンク]をコピーすれば、URLを共有できます。

埋め込んだビューは、Tableau Server・Tableau Onlineのライセンスをもっている人だけが見ることができます。そのとき、たとえば社内ポータルに埋め込んだ場合、社内ポータルにサインインすれば、あらためてTableau Server・Tableau Onlineにサインインすることなく、ビューを表示させる仕組みも作れます。

249

バージョン間の互換性

Tableau Desktop、Tableau Server・Tableau Online、Tableau Reader は、それぞれのTableau製品のバージョンを考慮する必要があります。3カ月に1回程度、リリースバージョンが公開されています。異なるバージョンの製品を使っている場合、バージョン間の互換性で問題が生じることがあります。バージョンの新旧による動きを製品ごとに整理して理解しましょう。

7.2.1 バージョン互換性の考え方

リリースバージョンが同じであれば、バージョン間の互換性の問題は発生しません。したがって、組織内のすべてのTableau Desktop、Tableau Server・Tableau Online、Tableau Readerは、リリースバージョンを揃えることが理想です。バージョンが異なると、新しいバージョンで作成されたワークブックが開けない、新機能が動作しない、などの問題が生じます。

リリースバージョンとは、10.5、2018.3などのレベルのことを指します。それより頻度が高く公開されるのはメンテナンスリリースバージョンで、2019.1.1、2019.1.2のレベルを指します。メンテナンスリリースバージョンでは、基本的に互換性に問題が生じることはありません。

利用している製品のバージョンを確認してみましょう。

■ Tableau DesktopおよびTableau Readerでの確認

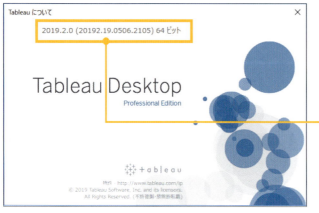

❶ メニューバーから［ヘルプ］＞［Tableauについて］をクリックします。Mac版の場合は、メニューバーに表示されている［Tableau］ファイル名＞［詳細］をクリックします。

❷ ［Tableauについて］という画面が表示されます。この図の場合はリリースバージョンが「2019.2」、メンテナンスリリースバージョンが「2019.2.0」です。

■ **Tableau Server・Tableau Onlineでの確認**

※Tableau Onlineの場合

① 画面右上にある情報ボタン（ⓘマーク）＞［Tableau Onlineについて］をクリックします。

② ［Tableau Onlineについて］という画面が表示されます。この図の場合はリリースバージョンが「2019.2」、メンテナンスリリースバージョンが「2019.2.0」です。

　Tableau Onlineは、常に最新バージョンです。したがって、Tableau Onlineを利用する組織のユーザーは、最新バージョンのリリースに合わせて、各自のコンピューターにインストールされているTableau製品をできるだけ早くアップデートするといいでしょう。

> ライセンスはバージョンに依存しないので、ライセンスを気にすることなく最新バージョンをインストールできます。また、複数のバージョンのTableau DesktopやTableau Readerを、同じマシンにインストールすることもできます。各製品の最新バージョンはTableauのWebサイトから、過去のバージョンは次のURLからダウンロードできます。
> https://www.tableau.com/ja-jp/support/releases
> なお、各バージョンのサポート期間は、リリースから30ヵ月です。

7.2.2　Tableau Desktopのワークブックを異なるバージョンの製品で共有

　Tableau Desktopで作成したワークブックを他の人に共有するとき、共有相手が同じバージョンのTableau DesktopやTableau Readerを使用していないことがあります。

　作成した製品のバージョンより新しいバージョンの製品を利用している場合は、問題ありません。新しいバージョンでは古いバージョンのワークブックを開くことができます。

　一方、作成した製品のバージョンより古いバージョンの製品を利用している場合は、そのワークブックを開くことはできません。対応策としては、同じバージョンか、それより新しいバージョンの製品をインストールしてもらうのがいいでしょう。この方法が難しい場合は、共有先の製品のバージョンに合わせて、ワークブックをダウングレードします。

① メニューバーから［ファイル］＞［バージョン名を付けてエクスポート］をクリックします。

② バージョンを指定します。ダウングレードすることによって失われる機能がある場合は、その内容が下部に表示されます。

③ ［エクスポート］をクリックします。

7.2.3 Tableau DesktopよりTableau Server・Tableau Onlineが新しいバージョンの場合

　Tableau DesktopよりもTableau Server・Tableau Onlineのバージョンが新しいとき、パブリッシュ可能です。パブリッシュ後も、そのコンテンツは作成したTableau Desktopのバージョンとして保持されます。Tableau Server・Tableau Online上で編集、保存すると、そのワークブックはTableau Server・Tableau Onlineのバージョンとなります。すなわち、ワークブックは最後に保存した製品のバージョンで保持されます。

　こうして保存されたワークブックをダウンロードしても、Tableau Server・Tableau Onlineより古いバージョンのTableau Desktopで開くことはできません。Tableau Desktopのバージョンを上げてTableau Server・Tableau Onlineと揃えれば、バージョン互換の問題は生じません。なお、編集・保存しないでダウンロードすれば、作成したTableau Desktopのバージョンで開けます。

　Tableau DesktopのバージョンがTableau Server・Tableau Onlineより新しいとき、パブリッシュ可能です。ただし、ワークブックはパブリッシュするタイミングで、Tableau Server・Tableau Onlineのバージョンにダウングレードされます。

　ダウングレードされることで失われる可能性があることを、パブリッシュする画面の下部に赤字で警告が表示されます。

図7.2.1　古いバージョンにパブリッシュ

　Tableau Server・Tableau Onlineからダウンロード後、開くTableau DesktopやTableau ReaderのほうがTableau Server・Tableau Onlineより新しいバージョンであれば、問題なく開けます。

データや画像のエクスポート

Tableauでの作業内容をTableau内で共有するだけでなく、データとしてエクスポートして二次利用したり、画像として他のアプリで使ったりすることもあるでしょう。Tableau Desktop、Tableau Server・Tableau Online、Tableau Readerのそれぞれで、エクスポートできる形式は少し異なります。ここではその違いと形式について、元のデータ、ビューで表示したデータ、ビューの中で選択したデータ、表示したビジュアルの4つに整理して説明します。

7.3.1 元データのエクスポート

　接続したデータソースをエクスポート（保存）すると、データがもつフィールドに加え、Tableau上で作成した計算フィールドも含んでエクスポートされます。ただし、ビューで表示してはじめて値を算出できる、レコードレベルで値を保持しない表計算や詳細レベルの式のフィールドは含みません。

　なお、Tableau Readerで、元のデータをエクスポートすることはできません。

表7.3.1　エクスポートできるデータ形式

	CSV	データソース（.tds、.tdsx）
Tableau Desktop	○	○
Tableau Server	−	○（.tdsx）
Tableau Online	−	○（.tdsx）

■ Tableau DesktopでCSV形式にエクスポート

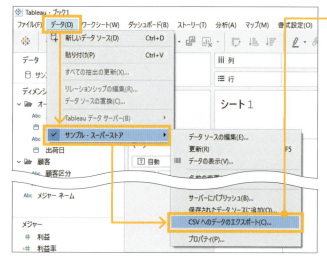

① メニューバーから［データ］＞「データソース名」＞［CSVへのデータのエクスポート］をクリックします。

② CSVがダウンロードされます。

■ Tableau Desktopでデータソース（.tds、.tdsx）形式にエクスポート

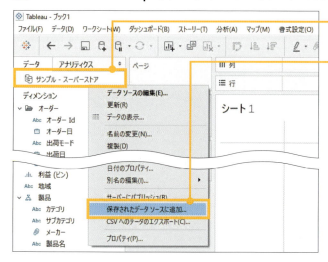

① ［データ］ペイン上部にある「データソース名」を右クリックします。

② ［保存されたデータソースに追加］をクリックします。

③ ［ファイルの種類］から、［Tableau データソース（.tds）］または［Tableau パッケージドデータソース（.tdsx）］を指定します。

■ Tableau Server・Tableau Onlineでデータソース（.tdsx）形式にエクスポート

Tableau Server・Tableau Onlineでは、パブリッシュされたデータソース（.tdsx）をダウンロードできます。

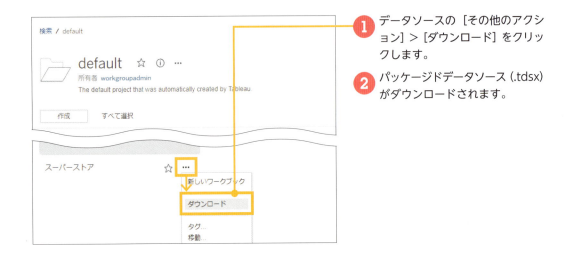

① データソースの[その他のアクション]>[ダウンロード]をクリックします。

② パッケージドデータソース(.tdsx)がダウンロードされます。

7.3.2 表示データのコピーとエクスポート

表示したビューで使用した行数分のデータをエクスポートまたはコピーできます。

表7.3.2 表示したビューで使用した行数分のデータをエクスポートできるデータ形式

	Microsoft Excel	Microsoft Access (Windowsのみ)	CSV
Tableau Desktop※	○	○	○
Tableau Server	-	-	○
Tableau Online	-	-	○

※Tableau Readerも同様

■ Tableau DesktopおよびTableau Readerでのデータのコピー

　まず、ワークシートを開いている場合はメニューから[ワークシート]を、ダッシュボードを開いている場合はダッシュボード内のワークシートを選択してからメニューから[ワークシート]をクリックします。

　データをコピーするには、[ワークシート]>[コピー]>[データ]または[クロス集計]から、任意のアプリにデータを貼り付けます。

　クロス集計とは、下部の[シート]タブを右クリック>[クロス集計として複製]で表示される形式と同じものです。

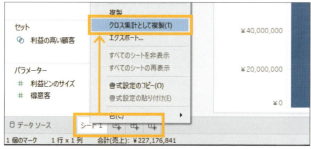

図7.3.1　右クリックしてクロス集計を表示

■ Tableau Desktop・Tableau Readerで表示したデータをAccessまたはCSVにエクスポート

1. メニューバーから［ワークシート］＞［エクスポート］＞［データ］を選択します。Windowsの場合はAccess（.mdb）、Macの場合はCSVでエクスポートされます。

■ Tableau Desktop・Tableau Readerで表示したデータをExcelにエクスポート

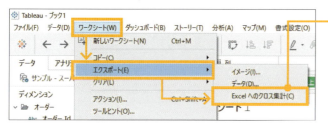

1. メニューバーから［ワークシート］＞［エクスポート］＞［Excelへのクロス集計］を選択します。書式設定を保持したExcelが開きます。

選択したマークのデータを、CSVでエクスポートすることもできます。

■ Tableau Server・Tableau Onlineで表示したデータをCSVにエクスポート

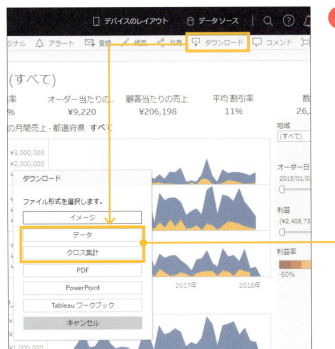

❶ 右上の［ダウンロード］＞［データ］もしくは［クロス集計］を選択します。

❷ 手順❶で［データ］を選択した場合は［サマリー］として集計後のデータが表示され、［……ダウンロードする］のリンクをクリックするとダウンロードできます。
［サマリー］タブの隣の［すべてのデータ］タブでは、選択したシートで使用したすべてのデータが表示されます。［すべての列を表示］のチェックを入れると、使用していない列も含めて表示されます。
手順❶で［クロス集計］を選択した場合は、選択したシートをクロス集計として表現した形式でCSVがダウンロードされます。

7.3.3 画像のコピーとエクスポート

データを画像としてコピーしたり、画像のデータ形式を指定してエクスポートしたり、PDFやMicrosoft PowerPointへエクスポートしたりできます。

表7.3.3 対応している画像形式など

	画像の形式	PDF	Microsoft PowerPoint
Tableau Desktop※	PNG（.png）、JPEG（.jpeg）、Windowsビットマップ（.bmp。Windowsのみ）、拡張メタファイル（.emf。Windowsのみ）、TIFF（.tif。Macのみ）	○	○
Tableau Server	PNG（.png）	○	○
Tableau Online	PNG（.png）	○	○

※Tableau Readerも同様

■ Tableau DesktopおよびTableau Readerで画像としてコピー

❶ 対象がシートであればメニューバーから［ワークシート］＞［コピー］をクリックします。対象がダッシュボードであればメニューバーから［ダッシュボード］＞［イメージのコピー］をクリックします。

❷ コピーした画像は任意のファイルや場所に貼り付けて使用します。

■ Tableau DesktopおよびTableau Readerでシートを画像としてエクスポート

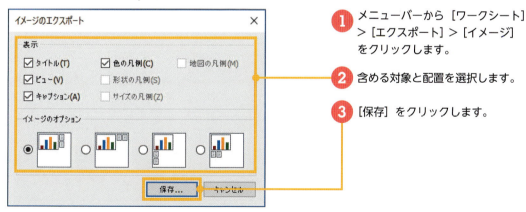

❶ メニューバーから［ワークシート］＞［エクスポート］＞［イメージ］をクリックします。

❷ 含める対象と配置を選択します。

❸ ［保存］をクリックします。

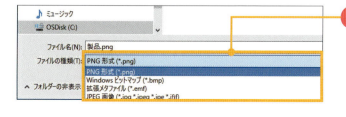

❹ ［ファイルの種類］で形式を指定して保存します。

■ Tableau DesktopおよびTableau Readerでダッシュボードを画像としてエクスポート

① メニューバーから［ダッシュボード］＞［イメージのエクスポート］をクリックします。

② ［ファイルの種類］で形式を指定して保存します。

> ダッシュボードを表示していても、ダッシュボード上で対象のシートをクリックするとメニューバーから［ワークシート］＞［エクスポート］＞［イメージ］をクリックできます。この場合、1つ前の項目と同様に対象のシートを画像として保存できます。

■ Tableau DesktopおよびTableau ReaderでPDF・PowerPointにエクスポート

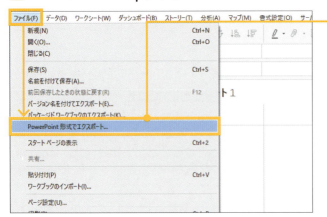

① メニューバーから［ファイル］＞［PDFに出力］もしくは［PowerPoint形式でエクスポート］をクリックします。

■ Tableau Server・Tableau Onlineで画像をエクスポート

① ビュー右上の［ダウンロード］をクリックし、［イメージ］、［PDF］、［PowerPoint］のいずれかをクリックします。［イメージ］はPNG形式（.png）です。

Tableau Prep Builder によるデータ準備

Tableau Prep Builderを使えば、複数に分かれたデータをまとめたり、項目が整備されていないデータを修正したりといった、データをより使いやすい形に整えることが容易にできます。特別な知識は必要ありません。
また、こうした処理をステップでつなげてフローを作成・記録できるので、編集した作業の修正が楽にできます。接続先のデータを変更してフローを再利用することもできます。
本章では、複数に分かれた4年分の売上データを整えながらまとめて出力し、予算データと合わせた形でも出力するフローを作成します。

インプットステップ (データ接続)

本節では最初に元となるデータに接続し、インプットステップで表示される画面の見方や、インプットステップでできることを紹介します。大まかにデータを用意するフェーズにおいて、複数データを縦方向に追加するユニオンや、人間が見やすい形にデータを整えるデータインタープリターといった、便利な機能が含まれています。

8.1.1 データ接続

　Tableau Prep Builderでデータに接続するには、Tableau Desktopと同様、スタートページで接続するデータの種類を選んで進めます。

　本章では本書の付属データを使用します。p.xivの「本書の使い方」をご覧いただき、あらかじめご利用の環境に付属データをダウンロードして、任意の場所に解凍しておいてください。必要なデータは「chapter08」以下にあります。

　本節では、複数に分かれた4年分の売上データをまとめるために、まず月ごとに出力されている2016年の売上データをユニオンします。さらに、売上に対する予算を表すデータを作るために、予算データをデータインタープリターを使って扱いやすくしていきます。

① Tableau Prep Builderを起動し、スタートページの左側の青い部分にある、[>] をクリックします。

② [接続] の右にある⊕ボタンをクリックします。

③ [ファイルへ] の下部にある [テキストファイル] をクリックします。

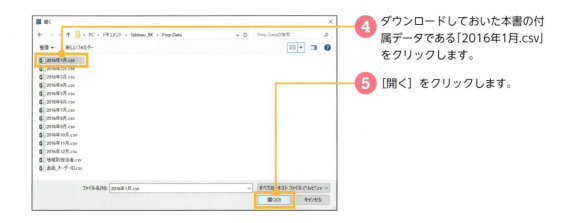

④ ダウンロードしておいた本書の付属データである「2016年1月.csv」をクリックします。

⑤ [開く] をクリックします。

■ 接続画面の詳細

図8.1.1は接続後の画面です。この画面の内容と役割を詳しく見ていきましょう。

図8.1.1　データ接続後の画面の例

　接続先がExcelやデータベースでそれらのシートや表が複数存在する場合、❶の左側の青い部分にリスト表示されます。必要なものをドラッグして、右側のフローを作成するエリアである❷にドロップして使用します。

　画面下部ではインプットステップにおける、様々な設定を行います。インプットステップは、データを接続する役割をもちます。❸に各フィールドの名前やサンプル値などが表示されます。フローに含める必要がないフィールドは❹でチェックを外します。❺の [タイプ] からデータ型を変更したり、❻の [フィールド名] から名前を変更したりすることもできます。

263

ここでの例のようにテキストファイルに接続している場合、❼では［テキスト設定］ペインが表示されます。［テキストオプション］で［最初の行にヘッダーが含まれます］が選択されていれば、1行目がフィールド名になります。

図8.1.2に示す［データサンプル］ペインでは、Tableau Prep Builderの作業時に取り込むデータ量を指定できます。データ量が多い場合やある条件を満たした場合、デフォルトではパフォーマンスを考慮して全体の一部のサンプルデータを使うように設定されています。サンプルデータを使用する場合は、ツールバーに［サンプリング済み］とオレンジ色で表示されます。

すべてのデータを使いたい場合は、［データサンプル］ペインで［すべてのデータを使用］を選択します。集計、結合、ユニオン、ピボットのステップでは、［すべてのデータを使用］を選択していても、パフォーマンスを維持するため100万行を越えるとサンプリングされます。

サンプルデータを対象にしたとしても、フローを実行するときは全件の結果が出力されます。ただし、サンプルデータに含まれていない行のデータは、［プロファイル］ペイン等に表示されず、クリーニング作業等を行うことができません。クリーニング作業については➡8.2で説明します。

図8.1.2　［データサンプル］ペイン

8.1.2　ユニオン（インプットステップ）の作成　TD TS TO TP

➡8.1.1では2016年1月のデータに接続しましたが、ここでは同じフォルダーに入っているすべての月のデータを、縦方向につなげて1つの表にします。行数を増やす方向、つまり下につなげる処理をユニオンと呼びます。このインプットステップでのユニオン機能は、同じフォルダー

内の.csvの他、複数のExcelのシート、データベースの表、データインタープリターが判断したサブテーブルに対して実行できます。➡8.1.1の続きから操作していってください。

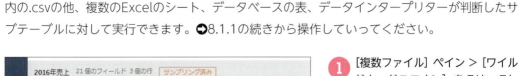

① [複数ファイル] ペイン > [ワイルドカードユニオン] をクリックします。これは、検索パターンにマッチした表をユニオンする機能です。

② [一致パターン] に「2016*」を入力して、[Enter] キーを押します。[ファイルを含める] には、ファイル名の最初に「2016」を含むすべてのファイルが表示されます。なお、ファイル名のどこかに「2016」が入っているファイルを指定する場合は「*2016*」と指定します。

③ [適用] をクリックします。

④ 画面左で一番下に表示されている「File Paths」のチェックを外します。ユニオンするとオリジナルのファイル名・表名が識別できるようなフィールドが新たに生成されますが、今回は不要なので含めません。

⑤ [フロー] ペインに表示されている入力ステップの名前をダブルクリックし、「2016年売上」と変更します。

265

次に、データインタープリターを使って、予算のデータに接続し、データの入っている部分を正しく読み取っていきます。

8.1.3 データインタープリターの利用

Tableau Prep Builderのデータインタープリターは、●3.4.1で紹介しているTableau Desktopのデータインタープリターと同様の機能をもちます。不要な情報を削除し、必要な情報を補完し、サブテーブルを検出する機能です。

ここでは図8.1.3に示すフォーマットに沿って手動入力された、予算のデータ「予算_2017-2019.xls」を扱います。表にはタイトルが入っており、B列ではカテゴリの各項目のセルがマージされています。ここでは、Excelのシートに入力されたこの扱いにくいデータを、データインタープリターを使って扱いやすいデータに簡単に整形してみます。

図8.1.3　予算_2017-2019.xlsx

❶ 青い部分の［接続］の右にある⊕ボタン ＞［Microsoft Excel］をクリックします。

266

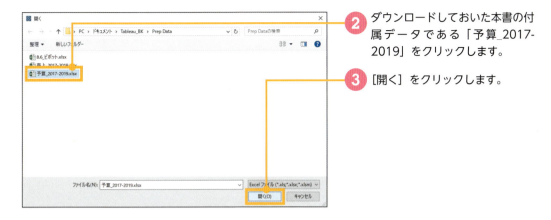

② ダウンロードしておいた本書の付属データである「予算_2017-2019」をクリックします。

③ [開く] をクリックします。

図8.1.4に示すように、元のExcelの表にタイトルが入っている影響でフィールド名が正しく読み取れません。

図8.1.4 フィールド名が正しく読み取れていない

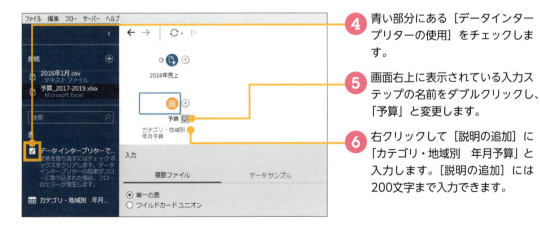

④ 青い部分にある [データインタープリターの使用] をチェックします。

⑤ 画面右上に表示されている入力ステップの名前をダブルクリックし、「予算」と変更します。

⑥ 右クリックして [説明の追加] に「カテゴリ・地域別　年月予算」と入力します。[説明の追加] には200文字まで入力できます。

267

図8.1.5のようにタイトルが取り除かれ、正しくヘッダーを読み取り、マージされていたセルにも正しく項目が補完されました。➡8.2.1で扱う［ステップの追加］を行うと、より詳細に確認できます。

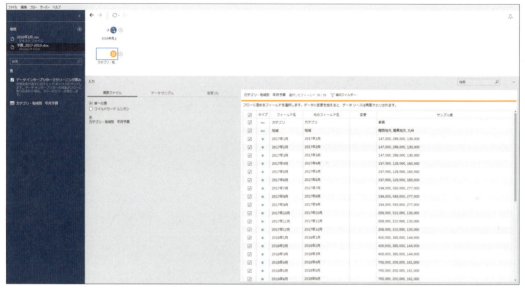

図8.1.5　データインタープリターを使ってデータの形式を整えた

クリーニング作業

クリーニング作業のステップでは、Tableau Prep Builderだけでもデータの状況が把握しやすいようデザインされていることがわかるはずです。データの中身を確認しながら、複数項目をグループ化したり、不要な項目を除外したり、項目名を修正したり、ある区切りで列を分けたり、直感的に操作できます。

8.2.1 [プロファイル] ペインと [データ] グリッド

データのクリーニング作業とは、フィルター、グループ化、分割、削除といった操作のことを意味します。

■ [ステップの追加]

データのクリーニング作業を行うには、まず [ステップの追加] を行います。

❶ 8.1.2で作成した「2016年売上」のステップの右側にある⊕ボタン＞[ステップの追加]をクリックします。

■ [プロファイル] ペインと [データ] グリッドの概要

図8.2.1はステップが追加された様子です。ここでは、この画面を詳しく見ておきましょう。

[プロファイル] ペインには、各フィールドの情報が表示されています。フィールドの要素が項目別にリスト表示され、含まれるレコード数が棒の長さで示されます。[プロファイル] ペインの下にはデータのプレビュー画面である [データ] グリッドが表示されます。

[プロファイル] ペインで任意の項目をクリックすると、他のフィールドではそのクリックした項目に含まれる部分が水色で示され、関係性を把握しやすいようになっています。また、[デー

タ］グリッドではクリックした項目に連動したフィルターがかかります。

図8.2.1　［プロファイル］ペインと［データ］グリッド

COLUMN

画面上に表示するペインを指定したり、領域の幅を変更したり、画面を拡大・縮小したり、見たい部分を大きく表示したりしながら操作する方法を紹介しましょう。

- 画面左の青い［接続］ペインは、上部の三角マーク［<］をクリックすると閉じることができます。
- 各ステップの下部の表示を大きくするには、［フロー］ペインとの境界部分のグレーの線を上にドラッグします。
- ［フロー］ペインを大きく見せるには、上部の［フロー］ペインの余白をクリックします。下部が非表示になり、［フロー］ペインが大きくなります。各ステップをクリックすると、再度、下部が表示されます。
- ［データ］グリッドを大きく見せるには、［プロファイル］ペイン上部のツールバーで、検索窓の左側にある［プロファイルの非表示］アイコンをクリックします。
- 変更を加えたときに［変更］ペインが表示されても、上部の三角マーク［<］から閉じられます。
- 画面全体の拡大と縮小は、Windowsでは［Ctrl］キーを押しながら、Macでは［command］キーを押しながら［+］キーまたは［-］キーで操作します。

8.2.2 ［フィルター］

　［プロファイル］ペインでデータの中身を確認した結果、不要な項目を削除したいときや一部のデータに絞りたいときには、フィルターを使うと便利です。

　図8.2.1の状態で［プロファイル］ペインのスクロールバーを使って右に移動すると、「数量」フィールドにマイナスの値が含まれていることがわかります。クリックすると図8.2.2のように［データ］グリッドにフィルターがかかり、このデータだけが表示されます。内容を確認すると「製品名」が「NULL」、「オーダーID」も正しくなさそうなので、除外してしまいましょう。マイナスの棒を右クリック＞［除外］をクリックするだけで、直観的に異常値を除外できます。

図8.2.2　［データ］グリッド上でデータを簡単に削除できる

発見した不要なデータを［除外］するのではなく、適切な値の範囲を指定してデータを絞り込んでもいいでしょう。たとえば、「数量」フィールドをマウスオーバーし、右上に表示される3つのボタンの一番右にある［その他のオプション］ボタン … ＞［フィルター］＞［値の範囲］をクリックして、［最小値］タブで「1」に指定します（下図）。この場合、次の抽出のタイミングで定義から外れたデータがあると、そのデータは除外されます。

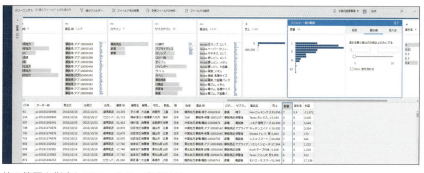

値の範囲を指定してフィルターをかける

8.2.3 ［グループ化］

　［プロファイル］ペインでデータの中身を確認した結果、複数の項目をひとまとめにしたいことがあるでしょう。そうした場合はグループ化を行います。

　「出荷モード」フィールドを見ると、「即日配送」と「当日配送」という項目があるのがわかります。これらは同じ意味なのに別々の項目になっているので、即日配送として1つにまとめてしまいましょう。「当日配送」を選択してからWindowsでは［Ctrl］キーを押しながら、Macでは［Command］キーを押しながら「即日配送」をクリック ＞ 2つの項目を選択できたら右クリック ＞ ［グループ］をクリックするだけです（図8.2.3）。

図8.2.3　項目を1つにするのも簡単にできる

画面上でグループ化すると、最後にクリックした項目名が残りますが、グループ化された項目名をダブルクリックすれば名前を変更できます。

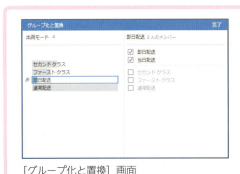

［グループ化と置換］画面

項目数が多いときや検索して一度に選択したいときには、フィールド名をマウスオーバーし、右上に表示される3つのボタンの一番右にある［その他のオプション］ボタン… ＞ ［グループ化と置換］＞ ［手動選択］をクリックして、グループ化するのが便利です。

272

8.2.4 [クリーニング]

［プロファイル］ペインでデータの中身を確認した結果、項目名に揺れがあることに気づくことがあります。こういうときは、クリーニングを行います。

「サブカテゴリ」フィールドを見ると、「00画材」と「画材」があることがわかります。「00画材」の「00」は誤りなので、削除しましょう。「00画材」をダブルクリックして、数字部分を削除します（図8.2.4）。これだけで、正しく入っていた「画材」とグループ化されます。

図8.2.4 余分な数字を削除するだけでグループ化できる

MEMO　フィールド名をマウスオーバーし、右上に表示される3つのボタンの一番右にある［その他のオプション］ボタン　＞［クリーニング］＞［数値の削除］をクリックしても同じグルーピング処理がなされます。多くの項目に数値が入っているとき、今後別の項目で数値が入ってくるかもしれないときは、数値を削除するという定義を一括で処理できるこちらの方法が適します。

「サブカテゴリ」フィールドをさらによく見ると、「ラベル」と「ラ ベ ル」（「ラ」と「ベ」、「ベ」と「ル」の間にスペースが入っている）があり、表記が揺れています。後者のスペースは余計なものなので、削除しましょう。「サブカテゴリ」をマウスオーバーし、右上に表示される3つのボタンの一番右にある［その他のオプション］ボタン　＞［クリーニング］＞［すべてのスペースを削除］をクリックするだけです（図8.2.5）。

図8.2.5 余分なスペースを削除してクリーニング

> [その他のオプション] ボタン … > [クリーニング] からスペースを削除する選択肢は3つあります。
> ・スペースのトリミング：文字の前後のスペースを削除
> ・余分なスペースを削除：文字の前後のスペースを削除し、文字の間のスペースを全角・半角問わず1つの半角スペースに変換
> ・すべてのスペースを削除：文字列にあるすべてのスペースを削除

8.2.5 [値の分割]

　項目の一部を抜き出したいときやある区切り文字を使って列を分けたいときには、[値の分割]を行います。ここでは「製品名」フィールドを例に説明します。

　「製品名」フィールドに入力されている内容をよく見ると、

　　　Accos クランプ, 12 パック
　　　Accos クランプ, メタル
　　　Barricks コーヒー テーブル, 黒

のようにメーカー名と製品名の間に必ず半角スペースが入っていることがわかります。この場合、半角スペースより前にあるメーカー名を独立したフィールドとして切り出すことができます。

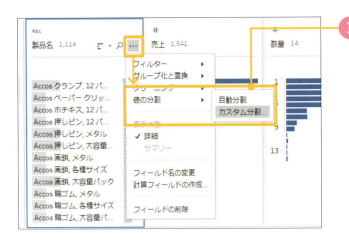

❶ マウスオーバーし、右上に表示される3つのボタンの一番右にある [その他のオプション] ボタン … > [値の分割] > [カスタム分割] をクリックします。

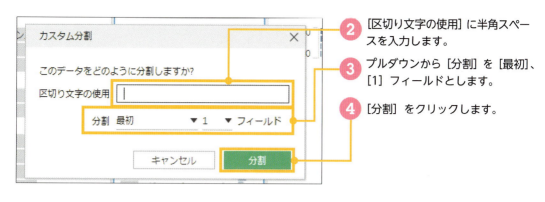

　[プロファイル]ペイン、[データ]グリッドの一番左に、メーカー名だけが抜き出されたフィールドが生成されたことを確認しましょう。ここでは、新しく生成されたフィールドのフィールド名を、[プロファイル]ペインで「メーカー」に変更しています。また、元の「製品名」フィールドは何も影響を受けず、メーカー名もそのまま残っています（図8.2.6）。

図8.2.6　一番左にメーカー名だけを切り出したフィールドが追加された

8.2.6 クリーニング作業の確認と変更

　ここまでに作業した、様々なクリーニング作業の内容を確認・変更してみましょう。
　フローに表示されているステップの上部には、クリーニング作業の種類に対応したボタンが表示されています。マウスオーバーすると作業内容がポップアップでリスト表示されるので、クリーニング作業を簡単に確認するにはこれで十分でしょう。また[プロファイル]ペインを見てみると、クリーニングしたフィールドの右上にも同じボタンが表示されているのを確認できるはずです。

図8.2.7 ステップをマウスオーバーして簡単に確認

　また、クリーニング作業の内容を詳細に確認したりクリーニング作業の内容を変更したりするには、[プロファイル] ペインの左側に用意されている [変更] ペインを利用します。[変更] ペインが閉じている際は、[プロファイル] ペインの左に表示されている [>] をクリックするか、ステップ上部に表示されているクリーニング作業のボタンをクリックすれば開きます。

　クリーニング作業の内容を確認・変更するには、[変更] ペインで変更したいクリーニング作業をクリック > 表示されるペンのボタン をクリックします。[プロファイル] ペインに表示される画面で詳細な内容を確認でき、この画面からクリーニング作業の内容を変更することもできます。

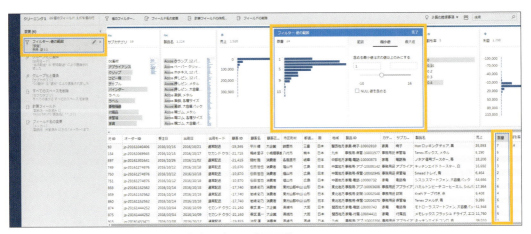

図8.2.8 [変更] ペインから詳細な内容を確認、変更可能

276

> 作成したフローの一部を再利用すると、フローの作成時間を短縮できます。複数のステップを選択して右クリック > ［コピー］ > フロー上で右クリック > ［貼り付け］ をクリックするだけです。

> クリーニング作業のステップでできることの多くは、集計、ピボット、結合、ユニオンのステップでも操作可能です。ただし、クリーニング作業のステップでできることのすべてが別のステップ上でも可能なわけではありません。またクリーニング作業はクリーニング作業のステップで処理することによって、操作内容がわかりやすくなるという効果があります。

ユニオン

異なる種類のデータを、縦方向（上下の方向）に追加して組み合わせるにはユニオンステップを用います。たとえば各地域で同じようなフォーマットでそれぞれ編集して整えてから、縦方向にまとめて1つのデータにしたいときに使うと便利です。

異なるインプットステップで接続したデータをユニオンするには、本節のユニオンステップを使います。一方、同じフォルダーの中のテキストファイルやExcelファイルのシート、同じデータベースの中にあるテーブル、データインタープリターが検出した表をユニオンする場合は、●8.1.2で述べたインプットステップでのユニオンが使えます。

8.3.1 ユニオンの方法

　ここでは種類が異なるCSVファイルとExcelファイルのデータをユニオンするので、ユニオンステップを使います。ユニオンした2016年の売上のCSVファイルに、2017年から2019年の売上をまとめたExcelファイル（売上_2017-2019.xls）をユニオンします。●8.2までに作成したファイルに続けて操作します。

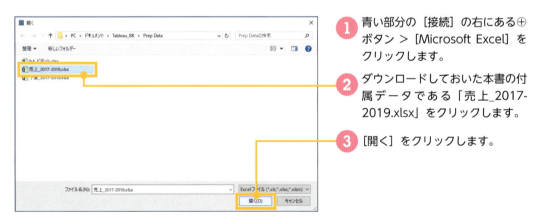

❶ 青い部分の［接続］の右にある⊕ボタン ＞［Microsoft Excel］をクリックします。

❷ ダウンロードしておいた本書の付属データである「売上_2017-2019.xlsx」をクリックします。

❸ ［開く］をクリックします。

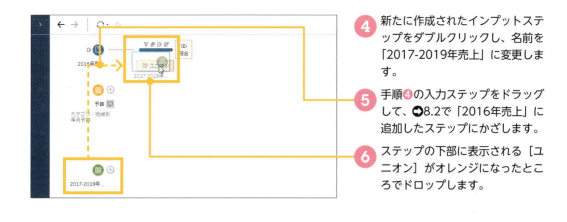

4 新たに作成されたインプットステップをダブルクリックし、名前を「2017-2019年売上」に変更します。

5 手順4の入力ステップをドラッグして、➡8.2で「2016年売上」に追加したステップにかざします。

6 ステップの下部に表示される[ユニオン]がオレンジになったところでドロップします。

8.3.2 一致していないフィールドをマージ

　フィールド名とデータ型が同じであれば、1つ目のデータソースの下に2つ目のデータソースが追加されます。データソースによって異なるフィールドは、同じ意味をもつ1つのフィールドとして認識させるために、マージします。

　➡8.3.1の作業を終えた、図8.3.1で説明します。画面左側にユニオンのプロファイルが表示されます。[結果のフィールド]には「全23フィールドのうち2件のフィールドが一致していない」と表示されており、その下に[一致していないフィールド]がリスト化されています。

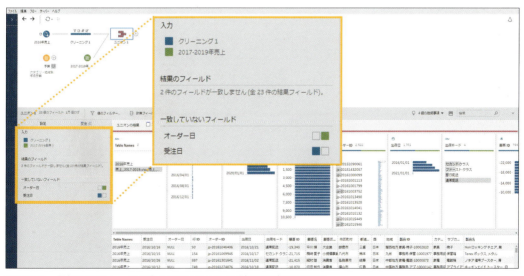

図8.3.1　[結果のフィールド]でユニオンした結果を確認できる

どのデータソースに含まれるフィールドなのか、フローのステップと連動した色で照合できるようになっています。ここでは、「2016年売上」には「受注日」が、「2017-2019年売上」には「オーダー日」が存在し、それぞれがもう一方のデータには存在しなかったことを意味しています。
　「受注日」と「オーダー日」は同じ意味なので、マージしましょう。

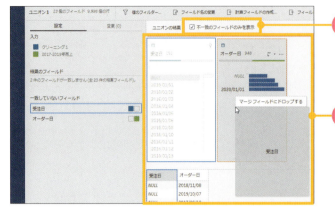

❶ [ユニオンの結果] の右側にある [不一致のフィールドのみを表示] にチェックを入れ、2つの不一致フィールドのみに表示をフィルターします。

❷ 「受注日」を「オーダー日」にドロップします。

❸ ❶で入れたチェックを外します。

❹ [プロファイル] ペインをスクロールして一番右を確認すると、「オーダー日」としてマージされているのがわかります。「オーダー日」という文字の下の色でも、青と緑の両方のデータが含まれていることが確認できます。

 マージされたフィールド（ドロップされたフィールド）のフィールド名が残りますが、フィールド名をダブルクリックすれば名前を変更できます。

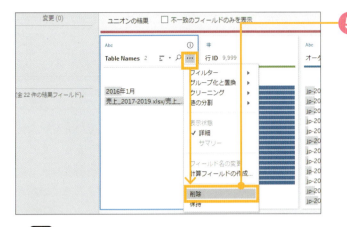

⑤ ユニオンすると、元のデータソース名を識別するフィールドが生成されますが、ここでは必要ないので削除します。[プロファイル] ペインの一番左に生成された「Table Names」をマウスオーバーし、右上に表示される3つのボタンの一番右にある [その他のオプション] ボタン … > [削除] をクリックします。

各ステップの色を変更するには、ステップ上を右クリック > [ステップカラーの編集] から色を選択します。

結合

複数のファイルやデータベースのテーブルを、横方向（左右の方向）に追加して組み合わせるには、結合を用います。結合は、マスターデータと呼ばれる関連フィールドのリストを複数つなげるために使われることが多いです。たとえば工場の生産データがあり、生産した製品に対するカテゴリが記載された一覧リストがあるとします。その生産データにカテゴリの列を追加する際に結合を行い、1つのデータにします。

8.4.1 結合の方法

2016年から2019年の売上データに対して、ここでは別のデータにある返品された製品のオーダーID（返品_オーダーID.csv）の列を結合します。➡8.3までに作成したフローに続けて操作してください。

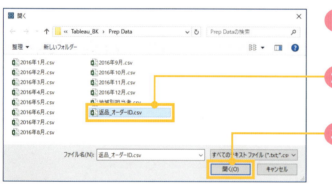

① 青い部分の［接続］の右にある⊕ボタン＞［テキストファイル］をクリックします。

② ダウンロードしておいた本書の付属データである「返品_オーダーID.csv」を選択します。

③ ［開く］をクリックします。

「返品_オーダーID.csv」は、「オーダーID（返品）」が1列に並んでいるデータです。

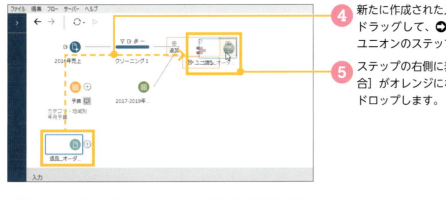

④ 新たに作成された入力ステップをドラッグして、●8.3で作成したユニオンのステップにかざします。

⑤ ステップの右側に表示される[結合]がオレンジになったところでドロップします。

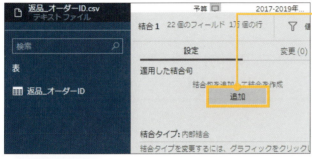

⑥ 画面左側に結合のプロファイルが表示されるので、[適用した結合句]にある[追加]をクリックします。

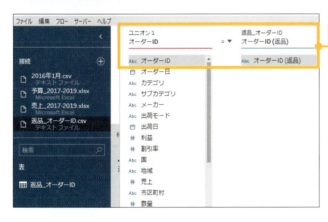

⑦ 開いた画面で「オーダーID」と「オーダーID(返品)」を指定します。ここで、結合するときに参照するフィールドを指定します。

■ [結合のタイプ] を変更

図8.4.1はここまで作業したフローの様子です。結合のプロファイルにある[結合タイプ]では、2つのデータをどのように結合するか指定できます。ここで、結合方法について簡単に説明しておきます。

283

図8.4.1　内部結合している様子

　図8.4.1は「内部結合」している状態です。内部結合とは、2つのデータソースのうち結合句で指定したフィールドの項目が一致した行のみ、抽出の対象とすることを意味します。今回の場合、内部結合にすると返品されたオーダーIDだけが残ることになります。

　しかし、今回は返品されていないオーダーIDも残したいので、左側のデータ（＝オーダーID）をすべて残す「左外部結合」に変更します。結合の種類は、表示されているベン図を変更するだけで行えます。

❽ [結合タイプ]のベン図をクリックして、図を参考に左外部結合となるように調整します。

　[結合結果のサマリー]では、指定した結合句と結合タイプで結合した場合、各データで含まれる行数と含まれない行数が確認できます（図8.4.2）。

図8.4.2　左外部結合に変更した結果

8.4.2 一致していない項目を共通化する

　指定した結合句の同一の項目名は、完全に一致させなくてはなりません。データソースによって異なる項目名を同じ項目として認識させるには、一方の項目名を変更して、もう一方に揃える必要があります。ここでは別のデータソースにある、各地域の担当者（地域別担当者.csv）の列を結合し、不一致項目を揃えてみます。

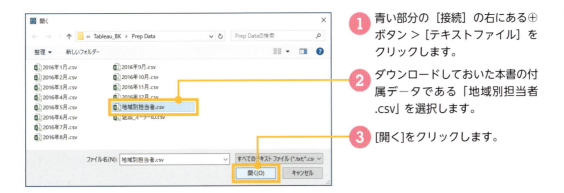

① 青い部分の［接続］の右にある⊕ボタン ＞ ［テキストファイル］をクリックします。

② ダウンロードしておいた本書の付属データである「地域別担当者.csv」を選択します。

③ ［開く］をクリックします。

「地域別担当者.csv」は、地域とその担当者名が「,」で区切られて入力されているデータです。

④ 新たに作成された入力ステップを、●8.4.1で作成した結合のステップにドラッグします。

⑤ ステップの右側に表示される［結合］がオレンジになったところでドロップします。

⑥ 画面左側に結合のプロファイルが表示されるので、［適用した結合句］で、どちらも「地域」と「地域」が指定されていることを確認します。フィールド名が同じなので、自動的に「地域」で紐づけられました。

⑦ ［結合タイプ］は内部結合のままにします。

　ここまで操作して［結合句］ペインを確認すると、片方のデータにしか存在しない項目名が赤字で表示されます。ここでは左は「関西地方」、右は「関西」と赤字で表示されますが、これらは同じものを意味するので、［結合句］ペインで修正します。

⑧ 右の「関西」をダブルクリックし、「関西地方」に変更します。

　これで、4年分の売上データ、返品データ、地域別担当者データが1つにまとまりました。ここまでのデータは●8.7で出力します。次に、売上と予算を比較するためのデータを作成していきます。

集計

行数の多いデータは、集計ステップをはさんでデータをまとめることがあります。異なる粒度のデータとユニオンや結合を行いたいときにも、必要な粒度までデータを粗くする目的で、集計ステップを使うことがあります。集計の粒度はディメンションで指定でき、集計方法（合計や平均など）はメジャーで指定できます。

8.5.1 集計の方法

❶8.4までの売上データは、製品が売れるごとに1行発生するデータですが、予算データは、カテゴリ・地域別の年月単位が1行のデータです。売上が予算に到達しているか確認するためにこの後で予算のデータと結合したいのですが、売上のデータと予算のデータで粒度が異なっています。

結合は、1行1行、対応する項目を割り当てるようにデータを組み合わせるので、それぞれのデータの粒度を揃えておく必要があります。売上のデータも予算のデータに合わせて、カテゴリ・地域別の年月単位で集計しておかなくてはなりません。

❷8.4までに作成したフローに続けて操作していきます。

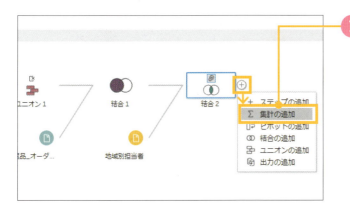

❶ 8.4で作成した最後の結合ステップの⊕ボタン ＞ ［集計の追加］をクリックします。

❷ 集計したいフィールドを左側のペインから右側のペインにドロップします。まず、左側のペインからディメンションである「地域」、「カテゴリ」、「オーダー日」を、右側のペインの左側にある［グループ化したフィールド］にドロップします。

❸ 左側のペインにあるメジャーの「売上」を、右側のペインの左側にある［集計フィールド］にドロップします。メジャーは、左側のペインで集計方法をあらかじめ指定しておきます。ここでは「売上」フィールドが「合計」になっているので、変更する必要はありません。

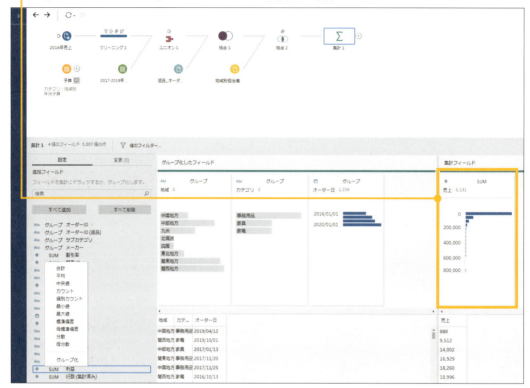

8.5.2 日付レベルでさらに集計

➡8.5.1で「オーダー日」を［グループ化したフィールド］にドロップしましたが、現状では「オーダー日」のまま、つまり「日付」レベルで集計が行われることになります。予算は年月単位で組まれているので、日付レベルから年月レベルへと、さらに集計が必要です。➡8.5.1の集計に続けて操作します。

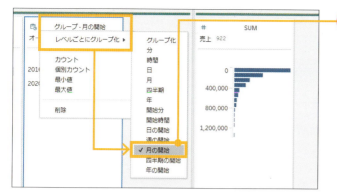

❹[グループ化したフィールド]にドロップした「オーダー日」の上部にある[グループ]＞[レベルごとにグループ化]＞[月の開始]をクリックします。

❹で[グループ]＞[レベルごとにグループ化]＞[月]を選択すると、月数となります。たとえば、2019/5/3なら5、2020/1/8なら1です。[月の開始]は、2019/5/3なら2019/05/01 00:00:00、2020/1/8なら2020/01/01 00:00:00となり、すべてその年月の1日の0時0分0秒となるので、結果的に年月単位で集計します。

次に行う日付型への変更は、集計ステップではできないので、クリーニングステップを追加します。

❺集計ステップの右にある⊕ボタン＞[ステップの追加]をクリックしてステップを追加します。

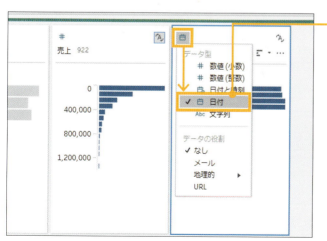

❻画面下部の「オーダー日」フィールドのデータ型のアイコンをクリック＞[日付]型をクリックします。

❼「オーダー日」をダブルクリックして、フィールド名を「年月」に変更します。

さて、売上のデータは2016年から2019年のものですが予算は2017年から2019年のものなので、予算と同じ期間になるように「年月」をフィルターします。

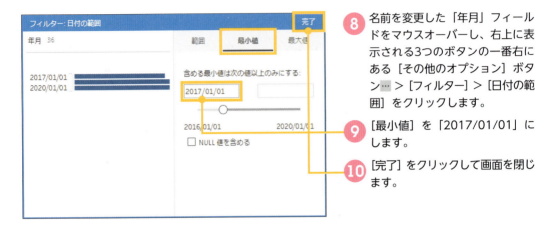

⑧ 名前を変更した「年月」フィールドをマウスオーバーし、右上に表示される3つのボタンの一番右にある［その他のオプション］ボタン … ＞［フィルター］＞［日付の範囲］をクリックします。

⑨ ［最小値］を「2017/01/01」にします。

⑩ ［完了］をクリックして画面を閉じます。

　これで売上のデータを、予算のデータと同じ粒度に集計できました。

ピボット

Tableau Desktopが接続するデータは、行に長い縦方向のデータが適することが多いです。列ごとに1つのディメンションまたはメジャーが存在する形です。あるディメンションの項目ごとに列が形成されている場合、列から行にピボットすると、Tableau Desktopで操作しやすくなることが多いです。ピボットとは、回転や旋回という意味で、横方向から縦方向など、データのもち方の方向を変える機能です。分析やデータの形によっては、行方向から列方向へのピボットが必要なこともあります。

8.6.1 列から行へのピボット

➡8.1.3で接続した予算のデータは年月ごとに列が分かれています（図8.1.3参照）。年月部分をピボットし、「年月で1列、予算の値で1列」の2列の形にします。こうすると、➡8.5で集計した売上データとデータの形が揃うことになります。➡8.5までに作成したフローに続けて操作していきます。

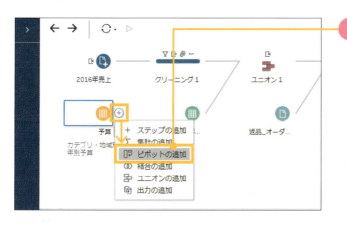

① 8.1.3で作成した「予算」のステップの⊕ボタン ＞ [ピボットの追加] をクリックします。ピボットのステップが追加されます。

ピボットする範囲は、フィールドを指定する方法とワイルドカードで指定する方法があります。

■ フィールドを指定する場合

フィールドを指定する場合は、次のようにします。

291

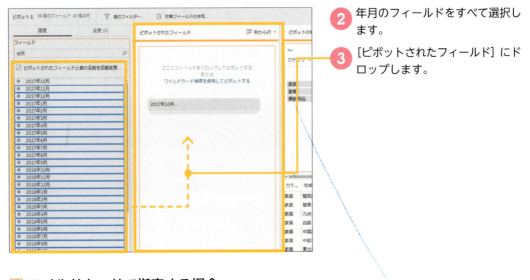

② 年月のフィールドをすべて選択します。

③ [ピボットされたフィールド] にドロップします。

■ ワイルドカードで指定する場合

ワイルドカードで指定する場合は、次のようにします。

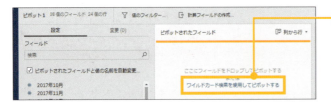

② [ピボットされたフィールド] にある [ワイルドカード検索を使用してピボットする] をクリックします。

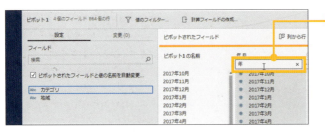

③ 検索ボックスに「年」と入力して [Enter] キーを押すと、「年」が含まれるフィールドがすべて選択できます。この方法だと、年月の予算を新しくデータに入力しても、すぐに取り入れることができます。

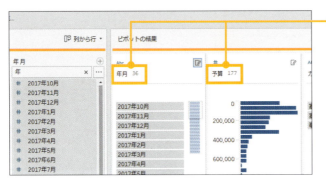

④ 「年月」の名前を「予算」に、「ピボット1の名前」を「年月」に変更します。

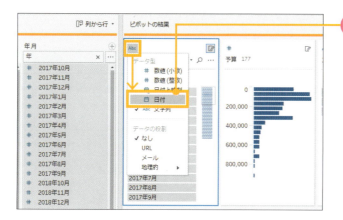

⑤ 「年月」に変更したフィールドのフィールド名の左上にあるボタンをクリックして、データ型を[日付]型に変更します。

■ データの結合

次に、売上のデータと予算のデータを結合していきます。

⑥ ④〜⑤で追加したクリーニング作業のステップを、集計した売上データの最後のクリーニング作業のステップにドラッグします。

⑦ [結合]がオレンジになったところでドロップします。

⑧ [適用した結合句]に[地域]が適用されています。⊕ボタンをクリックして、結合句に[カテゴリ]と[年月]で追加指定します。

⑨ 予算のデータには抜けがないので、結合タイプは右外部結合にします。すべてのカテゴリ・地域で毎月売上があれば、内部結合でも結果は同じです。

293

結合したことにより重複したフィールドを、クリーニング作業を行って削除します。すべてのデータが含まれる予算のフィールドを残します。

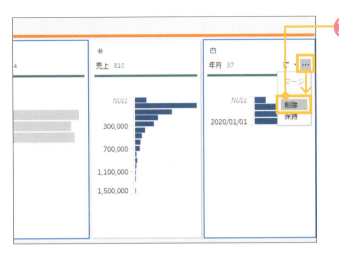

❿ 元々売上データ側にあった「地域」、「カテゴリ」、「年月」を削除します。フィールドをマウスオーバーし、右上に表示される3つのボタンの一番右にある［その他のオプション］ボタン … ＞［削除］をクリックします。

⓫ 図を参考にフィールドの順番を整えます。［プロファイル］ペインでも［データ］グリッドでも、ドラッグアンドドロップして変更できます。

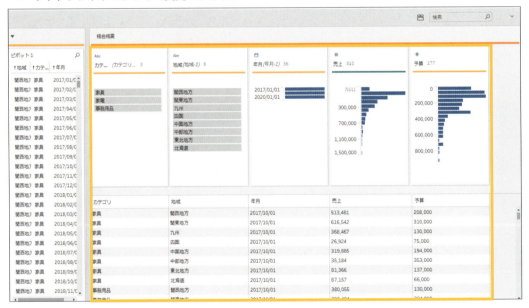

出力とフローの保存

フローが完成したら、結果を出力します。指定したフォルダーにファイルを生成する他、Tableau Server・Tableau Onlineにパブリッシュすることもできます。一度フローを作成すれば、同じフォーマットのデータに対しては簡単に繰り返して出力でき、データ加工作業の省力化につながります。
一連の処理がまとまったフローのファイルを保存すれば、自分自身で後から見直しても、他の人に共有しても処理の中身が理解できますし、データを入れ替えて別のフローに編集するといった使い方もできます。

8.7.1 フローをファイルとして出力

フローをファイルとして出力する場合、出力の種類をTableauの抽出ファイルである.hyperか.tde、または.csvから選べます。.tdeはv10.4以前で使われていた抽出ファイルです。出力後にTableau Desktopでアクセスするなら、.hyperを選択すると良いでしょう。

ここでは、⮕8.6.1までに作成したフローを、ファイル形式を指定して出力していきましょう。まずは売上と予算を組み合わせたデータを、Tableauデータ抽出（.hyper）で出力するステップを追加します。

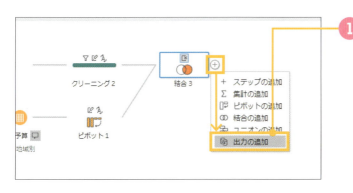

① ⮕8.6.1で作成した最後のクリーニング作業のステップの⊕ボタン＞［出力の追加］をクリックします。

295

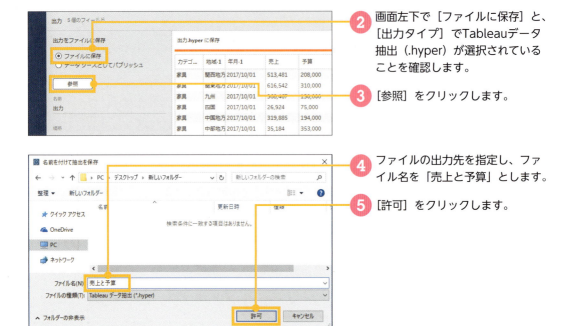

② 画面左下で［ファイルに保存］と、［出力タイプ］でTableauデータ抽出（.hyper）が選択されていることを確認します。

③ ［参照］をクリックします。

④ ファイルの出力先を指定し、ファイル名を「売上と予算」とします。

⑤ ［許可］をクリックします。

次に、4年分の売上データと、返品と地域別担当者を合わせたデータを出力するステップを追加します。

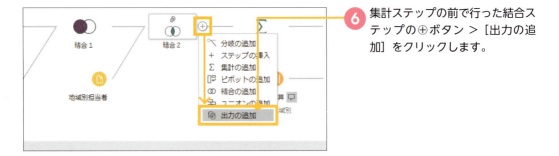

⑥ 集計ステップの前で行った結合ステップの⊕ボタン＞［出力の追加］をクリックします。

⑦ 画面左下で［ファイルに保存］と、［出力タイプ］でTableauデータ抽出（.hyper）が選択されていることを確認します。

⑧ ［参照］をクリックします。

⑨ ファイルの出力先を指定し、ファイル名を「売上」とします。

⑩ ［許可］をクリックします。

■ フローの出力方法

　画面上部の［すべてのフローの実行］（▷ボタン）をクリックすると、最初から最後まですべてのステップが実行され、その結果、すべての出力が生成されます。

　各出力ステップのボタンの右側にある［フローの実行］（▷ボタン）、または出力ステップで画面左部の［出力］ペインにある［フローの実行］をクリックすると、選択した出力に必要なステップが実行され、選択した出力のみが生成されます。

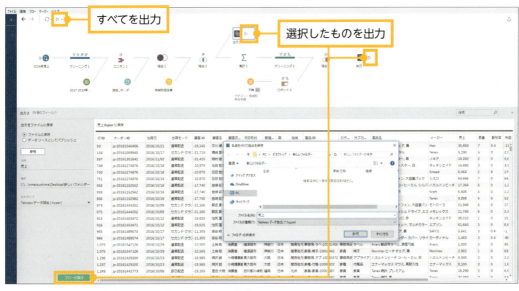

図8.7.1　すべてを出力するか選択したものを出力するかをコントロールできる

　［すべてのフローの実行］をクリックした結果、2つの.hyperの抽出ファイルが出力されました。

図8.7.2　出力された2つの.hyperファイル

8.7.2 Tableau Server・Tableau Onlineにパブリッシュ

出力ファイルを、Tableau Server・Tableau Onlineにパブリッシュして公開することもできます。ここでは、2つの出力を一度にパブリッシュします。

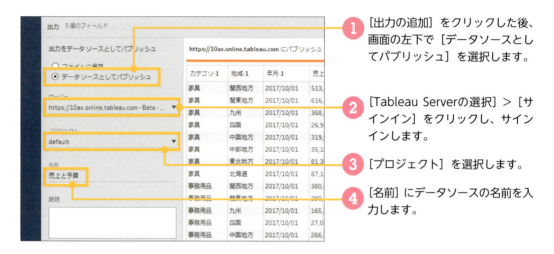

❶ ［出力の追加］をクリックした後、画面の左下で［データソースとしてパブリッシュ］を選択します。

❷ ［Tableau Serverの選択］＞［サインイン］をクリックし、サインインします。

❸ ［プロジェクト］を選択します。

❹ ［名前］にデータソースの名前を入力します。

❺ 画面上部の［すべてのフローの実行］ボタンをクリックします。

抽出ファイルとして2つの出力がTableau Server・Tableau Online上のデータソースに追加されました。出力ファイルの定期的な自動実行については、➡9.2をご参照ください。

図8.7.2　出力されたファイル

8.7.3 Tableau Desktopでプレビュー

　出力ステップを追加するまでもなく、途中のステップで値を確認したり、分析・集計したりすることも可能です。

❶ 任意のステップで右クリック＞[Tableau Desktopでプレビュー]をクリックします。

　これだけで、選択したステップまでの抽出ファイルに接続したTableau Desktopが起動します。なお、あくまでプレビューなので、データがサンプリングされている場合は、含まれているのはサンプリングされたデータだけです。

［Tableau Desktopでプレビュー］を実行すると、「My Tableau Prep Repository/Datasources」配下に、抽出ファイル（.hyper）とデータソースファイル（.tds）が生成されます。「My Tableau Prep Repository」は、Windowsでは［ドキュメント］や［マイドキュメント］配下に、Macでは［書類］配下にデフォルトで生成されます。Tableau Desktopでプレビューしたとき、開くワークブックはこの抽出ファイル（.hyper）に接続しています。

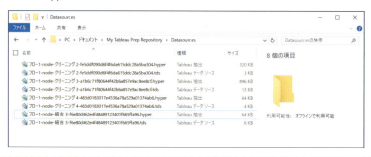

8.7.4 ファイルの保存とファイル形式（.tflと.tflx）

➡8.7.1～8.7.2では、フローで生成される出力結果の保存を紹介しました。ここでは、フロー自体のファイルの保存方法を紹介します。

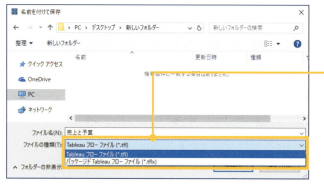

❶ メニューバーから［ファイル］＞［名前を付けて保存］をクリックします。

❷ ［ファイルの種類］で、Tableauフローファイル（.tfl）かパッケージドTableauフローファイル（.tflx）をクリックします。

❸ ［保存］をクリックします。

　ワークブック（.twb）と同様、フローファイル（.tfl）はフローの定義だけを保存するので、元のデータは含まれません。パッケージドワークブックと同様、パッケージドフローファイル（.tflx）はデータソースを含んだフローファイルです。パッケージドフローファイルが含むことのできるデータソースは、Excel、テキストファイル、抽出ファイルです。

　アドオンがあれば、フロー自体をパブリッシュし、Tableau Server・Tableau Online上で定期実行させることもできます。

300

最新データを表示させるための運用方法

常に最新データを取り込んで共有するような運用は、Tableau Server・Tableau Online を使って実現します。

データの更新を自動化できれば、工数をかけずに最新の状況を確認できるようになるので、繰り返し行っていたレポート作成業務に時間を割く必要はなくなり、その結果の考察や他の分析をする時間が生まれます。また、すべてのユーザーが常に同じデータを信頼できるものとして使用できるようになり、データ分析やデータドリブン文化が進む環境が整います。

Tableau DesktopとTableau Server・Tableau Onlineを組み合わせた運用

Tableau DesktopとTableau Server・Tableau Onlineを組み合わせるのは、Tableauを複数人で共有して使うときの基本的な使い方です。

Tableau Desktopからデータソースとワークブックを、それぞれ別々にTableau Server・Tableau Onlineにパブリッシュする、という運用方法が推奨されています。データソースをTableau Server・Tableau Onlineに格納しておけば、そのデータソースにはTableau DesktopからでもTableau Server・Tableau Onlineからでも接続できます。ワークブックの中にデータソースを含めてパブリッシュすることもできます。

9.1.1 最新データを表示させるための仕組み

データ更新の自動化、最新データの表示をどう実現するのか、その仕組みの概要を説明します。まずはTableau Server・Tableau Online上で、最新データを表示するワークブックを共有することから始まります。これにはワークブックにデータソースを含める方法と、データソースとワークブックを別々に扱う方法があります。後者がベストプラクティスです。

ワークブックにデータソースを含めてパブリッシュする場合、ライブ接続なら元データへのアクセス情報を、抽出接続ならアクセス情報と抽出ファイルを含めてパブリッシュします。パブリッシュされたワークブックごとにデータソースにアクセスします。この方法では、定期的に抽出の自動更新を行うことができます。

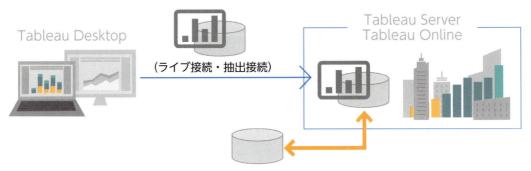

図9.1.1　データソースを含めてワークブックをパブリッシュ

この運用だと、すべてのワークブックからデータにアクセスすることになり、参照元のデータ側にもTableau Server・Tableau Onlineにも負荷がかかります。そこで、最新化するデータソースを置いておき、それに複数のワークブックを接続する、次に紹介する運用が推奨されます。
　データソースとワークブックを別々にパブリッシュする場合、ライブ接続ならデータソースへのアクセス情報、抽出接続ならアクセス情報と抽出ファイルを含めたデータソースと、そのデータソースにライブ接続したワークブックがTableau Server・Tableau Online上にそれぞれ存在することになります。抽出ファイルは定期的に自動更新されるような設定が可能です。データは最新化され、そのデータを参照するワークブックが複数できていきます。

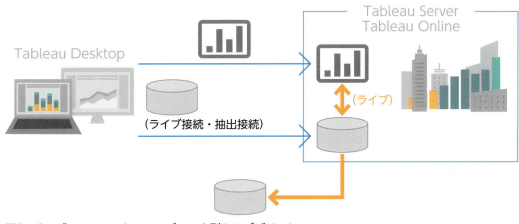

図9.1.2　データソースとワークブックを別々にパブリッシュ

9.1.2 データの自動更新、最新データ表示のための手順

➲9.1.1で紹介した2つの方法を実現するための手順を具体的に見ていきましょう。

■ データソースを含めてワークブックをパブリッシュする場合

　以下、Tableau Server・Tableau Onlineからデータソースにアクセスできることを前提に説明します。

❶ Tableau Desktopで元となるデータソースに接続し、ビューを作成します。

❷ メニューバーから、［サーバー］＞［サインイン］をクリックし、サインインします。

❸ ［サーバー］＞［ワークブックのパブリッシュ］を選択します。

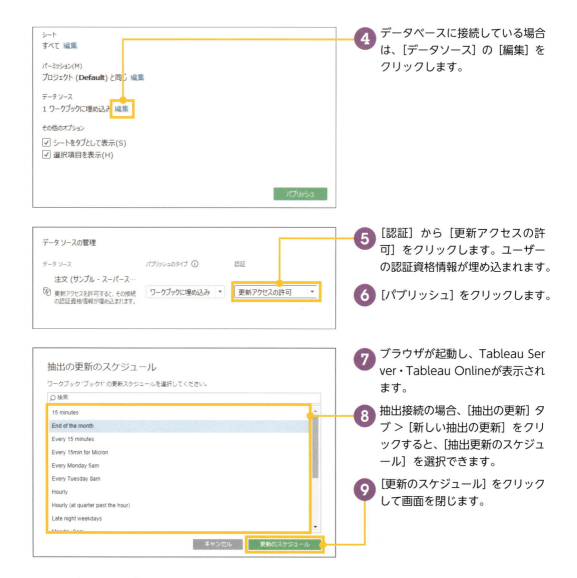

④ データベースに接続している場合は、[データソース]の[編集]をクリックします。

⑤ [認証]から[更新アクセスの許可]をクリックします。ユーザーの認証資格情報が埋め込まれます。

⑥ [パブリッシュ]をクリックします。

⑦ ブラウザが起動し、Tableau Server・Tableau Onlineが表示されます。

⑧ 抽出接続の場合、[抽出の更新]タブ >[新しい抽出の更新]をクリックすると、[抽出更新のスケジュール]を選択できます。

⑨ [更新のスケジュール]をクリックして画面を閉じます。

　スケジュールのパターンを登録できるのは、Tableau Serverでは管理者権限のあるユーザーです。Tableau Onlineでは、ユーザー自身が設定することはできませんが、いくつものスケジュールが最初から登録されています。

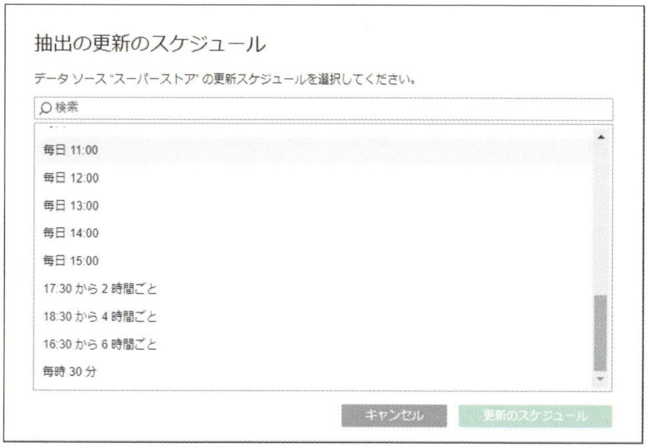

図9.1.3 Tableau Onlineで用意されている抽出の更新のスケジュール

　Tableau Onlineを利用している場合、オンプレミス環境のデータ（社内にあるファイルやデータベース。クラウドのデータソースでないもの）など、Tableau Onlineがアクセスできないデータソースを最新の状態にするには注意が必要です。この場合、データソースとワークブックを別々にパブリッシュし、かつ➡9.1.3で紹介するTableau Bridgeを用いる必要があります。なお、Tableau Bridgeは任意のスケジュール設定が可能です。

Tableau Serverからファイルベースのデータソースに接続する際は、
・データソースはTableau Serverがアクセスできる共有フォルダー等に格納しておく
・Tableau Desktopで接続先を日本語を含まないUNCパスに変更しておく
必要があります。UNCパスとは、PCを越えて、ネットワーク環境まで拡張してファイルのありかを指定する書き方です。たとえば、Cドライブから指定するのではなく、¥¥Servername¥shared¥file.csvという書き方をします。なお、ライブ接続のときは、パブリッシュするとき[外部ファイルを含める]のチェックを外します。

305

■ データソースとワークブックを別々にパブリッシュする場合

　図9.1.4は、データソースとワークブックを別々にパブリッシュする場合の手順のイメージ図です。手順を追うだけではつかめみにくい全体像を、この図で把握してください。

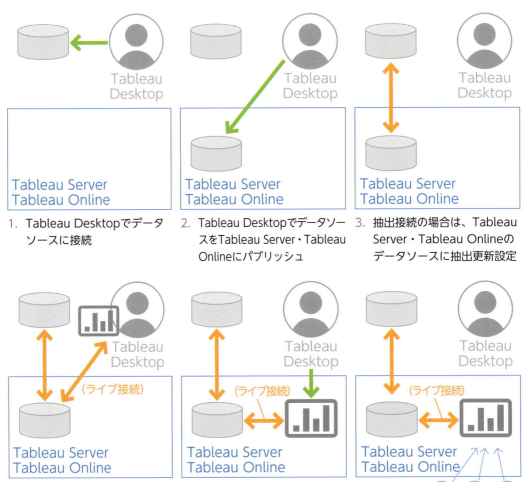

図9.1.4　データソースとワークブックを別々にパブリッシュする手順のイメージ

では、具体的に手順を追っていきましょう。

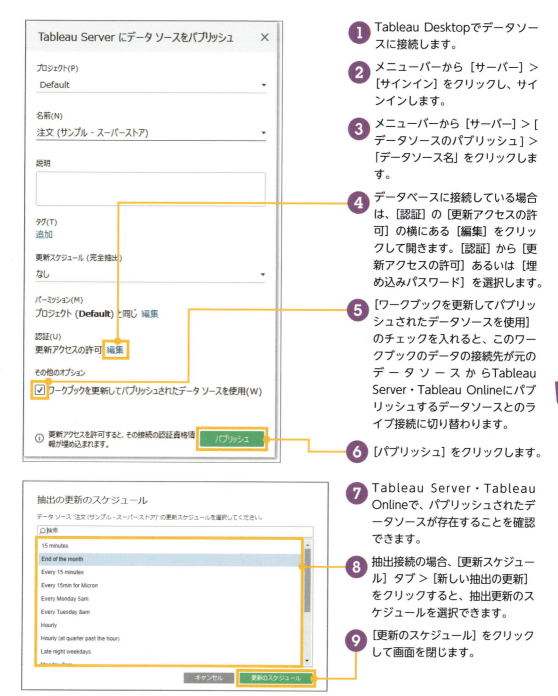

① Tableau Desktopでデータソースに接続します。

② メニューバーから［サーバー］＞［サインイン］をクリックし、サインインします。

③ メニューバーから［サーバー］＞［データソースのパブリッシュ］＞「データソース名」をクリックします。

④ データベースに接続している場合は、［認証］の［更新アクセスの許可］の横にある［編集］をクリックして開きます。［認証］から［更新アクセスの許可］あるいは［埋め込みパスワード］を選択します。

⑤ ［ワークブックを更新してパブリッシュされたデータソースを使用］のチェックを入れると、このワークブックのデータの接続先が元のデータソースからTableau Server・Tableau Onlineにパブリッシュするデータソースとのライブ接続に切り替わります。

⑥ ［パブリッシュ］をクリックします。

⑦ Tableau Server・Tableau Onlineで、パブリッシュされたデータソースが存在することを確認できます。

⑧ 抽出接続の場合、［更新スケジュール］タブ＞［新しい抽出の更新］をクリックすると、抽出更新のスケジュールを選択できます。

⑨ ［更新のスケジュール］をクリックして画面を閉じます。

手順❺で［ワークブックを更新してパブリッシュされたデータソースを使用］のオプションにチェックを入れていれば、接続先はTableau Server・Tableau Online上のデータソースになっているので、手順⓬に進んでください。

　以下の手順❿と手順⓫は、新たにワークブックを作成してTableau Server・Tableau Online上のデータソースに接続する際の手順です。

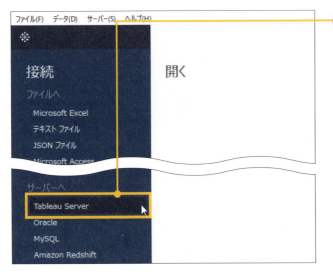

❿ Tableau Desktopのトップ画面から、［サーバーへ］のリストの一番上にある［Tableau Server］をクリックします。Tableau Onlineに接続するときも［Tableau Server］をクリックします。

⓫ Tableau Server・Tableau Online上にあるデータソースを選択します。

⓬ ビューを作成します。

接続しているデータソース名の左側にあるアイコンが のように変わり、Tableau Server・Tableau Online上のデータソースを参照していることがわかります。

図9.1.5　接続先のアイコンが変わった

⑬　Tableau Desktopのメニューバーから［サーバー］＞［ワークブックのパブリッシュ］をクリックし、ワークブックをパブリッシュします。

9.1.3 Tableau Bridgeの利用

　Tableau Onlineでファイアウォール（セキュリティの壁）の内側にあるオンプレミス環境のデータ（社内にあるファイルやデータベースなど）を最新化する方法です。この場合、Tableau Onlineはデータソースに直接アクセスできません。そこで、Tableau Onlineにもデータソースにもアクセスできるマシンにtableau Bridgeをインストールし、Tableau Bridgeを介して最新データをTableau Online側で表示できるようにさせます。

　ライブ接続であればTableau Bridgeを経由してデータソースにアクセスし、抽出接続であればTableau Bridgeがデータソースにアクセスして作成した抽出ファイルをTableau Onlineに定期的にパブリッシュします。なお、ファイルベースのデータは、抽出接続のみ可能です。

　また、本書執筆時点ではTableau BridgeはWindowsにのみ対応しており、Mac対応のものはリリースされていません。

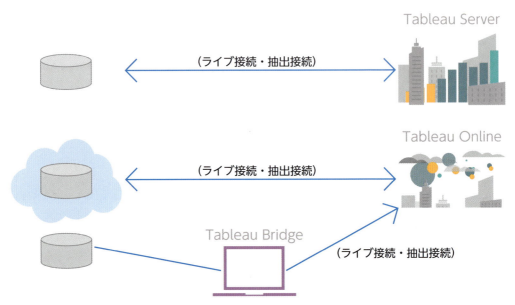

図9.1.6 Tableau Server・Tableau Onlineにパブリッシュしたデータソースの最新化イメージ

■ Tableau Bridgeのインストールと起動

では、Tableau Bridgeをインストールして起動してみましょう。Tableau Bridgeをインストールする環境は、Tableau Online、およびデータソースにアクセスできればTableau DesktopをインストールしたPCでも他のマシンでも構いません。ここでは、Tableau DesktopのあるPCにインストールすることを前提に説明します。

①Tableau Desktopで、メニューバーから［サーバー］＞［Tableau Bridgeクライアントのインストール］をクリックします。

②ブラウザが起動しダウンロードページが開くので、［最新バージョンをダウンロード］をクリックし、画面の指示に従ってインストールします。

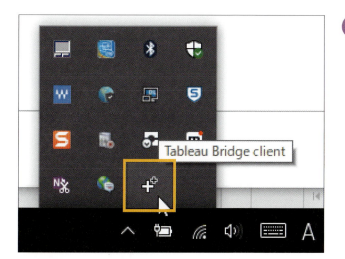

❸ Tableau Bridgeをインストールすると、自動的に起動します。2回目の起動時は、Tableau Bridgeのアイコンをダブルクリックします。Tableau Bridgeが起動されていれば、WindowsのタスクバーにTableau Bridgeアイコン（プラスが2つ連なったアイコン）が表示されます。

Tableau Bridgeは、64bitのWindows OSにインストールできます。Windowsユーザーがログオフ（サインオフ）してもそのWindowsでTableau Bridgeを動作させておくには、「サービス」モードに設定します。

Tableau Bridgeアイコンをクリックし、[モード] を [サービス] にすると、Windowsにサインインする画面が出てくるので、必要な情報を入力してサインインします。その後、一度再起動すれば、Tableau Bridgeはサービスモードで動作します。

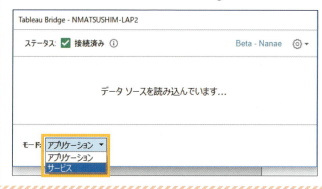

■ パブリッシュ済みのデータソースに対して設定する場合

次に、Tableau Onlineにパブリッシュ済みのデータソースに対して、Tableau Bridgeを利用する上で必要な設定を行っていきます。

311

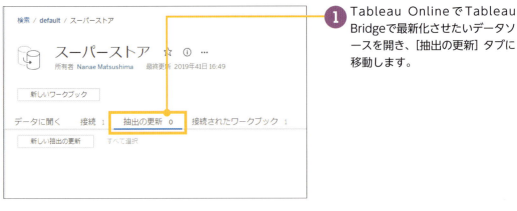

① Tableau OnlineでTableau Bridgeで最新化させたいデータソースを開き、[抽出の更新] タブに移動します。

② [抽出更新するコンピューターの変更] の右側にある [Tableau Online] をクリックします。

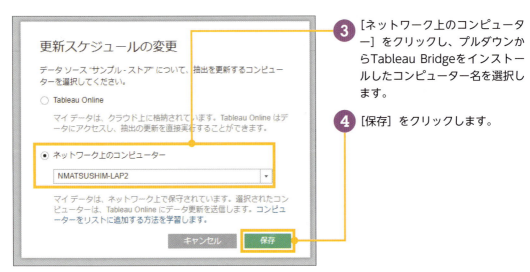

③ [ネットワーク上のコンピューター] をクリックし、プルダウンからTableau Bridgeをインストールしたコンピューター名を選択します。

④ [保存] をクリックします。

なお、認証資格情報が必要なデータソースには、Tableau Bridgeに認証資格情報を埋め込むことで、データソースにアクセスできるようになります。手順❺まで設定してTableau Bridgeがデータソースにアクセスしようとすると、Tableau Bridgeのアイコンに赤い三角形のアイコンがつきます（図9.1.7）。それを開くと、データソース名の左側に、オレンジ色の三角形が表示されます。その右側にあるペンのマーク（編集）をクリックして、データソース認証資格情報を入力してください（図9.1.8）。

図9.1.7　Tableau Bridgeアイコンをクリック

図9.1.8　認証資格情報を入力

313

Tableau Prep BuilderとTableau Server・Tableau Onlineを組み合わせた運用

Tableau Prep BuilderではTableau Desktopよりもさらにわかりやすく、求められる高い状態にまでデータを加工することができます。Tableau Prep Builderで作成したその結果を共有するには、Tableau Server・Tableau Onlineを利用すると良いでしょう。共有方法には2つあり、フローの実行結果だけをTableau Server・Tableau Onlineにパブリッシュする方法と、Tableau Prep Builderで作成したフロー自体をパブリッシュする方法です。

9.2.1 Tableau Prep Builderを使った運用の仕組み

Tableau Prep Builderを使えば、加工後のデータや加工のプロセスであるフローファイルをTableau Server・Tableau Onlineで共有できます。

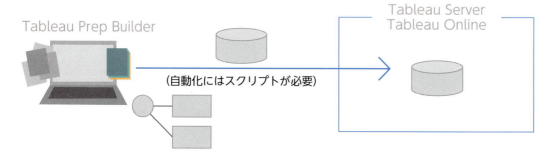

図9.2.1　Tableau Prep Builderで加工後のデータをパブリッシュ

フローの実行結果であるデータを定期的・自動的にパブリッシュするには、スクリプトを用意して、WindowsタスクスケジューラーなどのTableau以外の仕組みを使ってタスクの自動実行を行う必要があります。この方法であれば、追加料金は発生しません。スクリプトとは、フローファイルのありかや、元のデータの認証資格情報など必要な情報を含めた、簡易的なプログラムのことです。

■ **Tableau Prep Conductorでフローファイルをパブリッシュ**

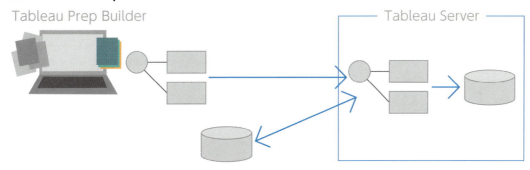

図9.2.2　Tableau Prep Builderでフローファイルをパブリッシュ

　フローファイルをパブリッシュするには、Tableau Serverに用意されているTableau Prep Conductorが必要です。Tableau Prep Conductorによって、フローの定期実行のスケジュール設定を簡単に行うことができます。ただし、Tableau Prep Conductorを利用するには別途課金されるTableau Data Management Add-onが必要です。

 Tableau Data Management Add-onは、本書執筆時点ではTableau Serverにのみ対応しています。いずれTableau Onlineにも対応すると思われますが、最新情報についてはTableauのサイトを参照してください。

9.2.2 パブリッシュするための手順

　フローの出力結果であるデータを更新したい場合、更新したいタイミングでTableau Prep Builderを開いて手動実行するか、スクリプトを用意してWindowsタスクスケジューラーなどでスクリプトを定期実行させます。紙面の都合上、本書ではスクリプトの書き方の説明は割愛します。
　以下ではフローファイルをパブリッシュする方法を紹介します。

■ **フローファイルをパブリッシュするための手順**

　以下の手順は、Tableau Data Management Add-onに含まれるTableau Prep Conductorを利用します。Tableau Prep Builderで作成したフローファイルをTableau Serverにパブリッシュし、フローのスケジュール実行を設定します。

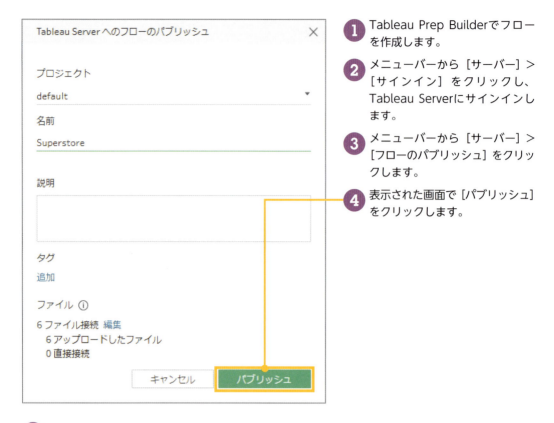

① Tableau Prep Builderでフローを作成します。

② メニューバーから［サーバー］＞［サインイン］をクリックし、Tableau Serverにサインインします。

③ メニューバーから［サーバー］＞［フローのパブリッシュ］をクリックします。

④ 表示された画面で［パブリッシュ］をクリックします。

⑤ Tableau Server・Tableau Onlineでフローの画面を開きます。

⑥ ［スケジュールされたタスク］タブからスケジュールを選択すると、フローの定期実行が可能になります。

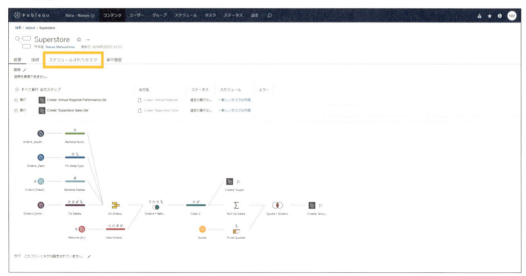

その他のTableau利活用

ここまで、有償製品のTableau Desktop、Tableau Server・Tableau Online、Tableau Prep Builderを中心に説明してきました。本章では、第1章の製品体系で触れた、Tableau Publicという無償サービスの活用方法を説明します。

また、接続元のデータを変更することで、作成済みのワークブックやフローを再利用する活用方法も効果的です。

その他、Tableauを利用する上で知っておくと役に立つ情報を紹介します。

Tableau Public の利活用

Tableau Publicとは、誰でもワークブックをパブリッシュでき、誰でもブラウザから閲覧できる、無償のクラウドサービスです。世界中で10万人以上が利用しており、巨大なTableau Serverが動いています。誰でも見ることができるのでオープンデータを使うことが前提ですが、Tableau Desktopで作成したワークブックをTableauのライセンスをもっていない人にも見せることが可能です。また、他のユーザーがパブリッシュしたワークブックをビジュアルの参考にしたり、ワークブックの仕組みを紐解いて参考にするのも、Tableau Publicの1つの使い方です。

10.1.1 Tableau Publicへの登録

Tableau Publicを利用するには、Tableau Publicへの登録が必要です。

① Tableau Publicのサイトにアクセスします。https://public.tableau.com/ja-jp/

② 画面右上にある［サインイン］から、［今すぐ無料で作成］をクリックします。

3 開いた画面で必要事項を入力し、プロフィールを作成します。

4 [リーガルの確認] にある [サービス条件] の内容を確認し、チェックを入れ、[マイプロフィールの作成] をクリックしてサインインします。

10.1.2 パブリッシュ

　Tableau Desktopで作成したワークブックをTableau Publicにパブリッシュすることで、誰もがブラウザからTableauの製作物を閲覧できるようになります。1アカウントあたり10GBまでワークブックをパブリッシュできます。

> ●1.1.1のCOLUMNでも紹介したように、Tableau Desktop Public Editionという無償の製品を使って、Tableau Publicにパブリッシュすることもできます。

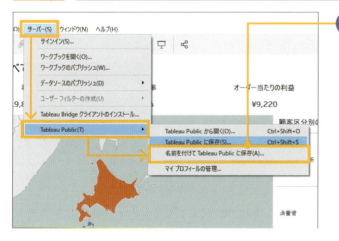

1 パブリッシュしたいワークブックを開いた状態で、メニューから [サーバー] > [Tableau Public] > [名前を付けてTableau Publicに保存] をクリックします。

319

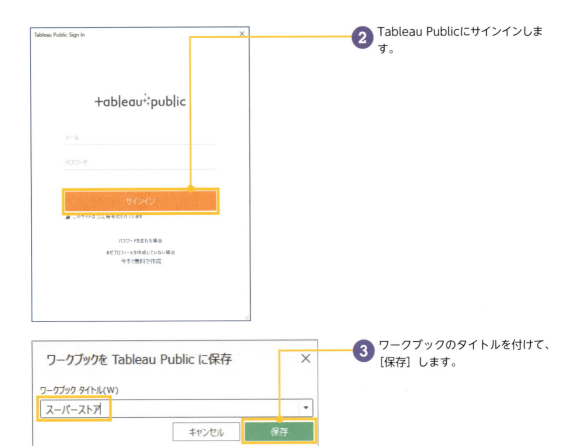

■ Tableau Publicにパブリッシュする際の注意点

　Tableau Publicにパブリッシュするワークブックは、データソースへの接続に注意する必要があります。すべてのデータソースは抽出が必要です。つまり、抽出ファイルを含めたワークブックをTableau Publicにパブリッシュすることになります。なお、Tableau Publicでは1ワークブックあたり1000万行までという制限があります。上限以上のデータを扱いたいときは、抽出フィルターを使って行数を減らす工夫をしましょう。

　Google スプレッドシートのみ手動で更新でき、自動的に24時間に1度抽出が更新される仕様です。

　Tableau Desktop Public Editionを使ってGoogle スプレッドシートに接続し、Tableau Publicを利用すれば、データが自動更新されるビジュアルの共有を、コストをかけずに実現できます。

図10.1.1　Googleスプレッドシートのみパブリッシュ時に認証情報を埋め込める

■ パブリッシュしたワークブックの設定

　Tableau Publicにワークブックをパブリッシュしたら、[Edit Details]を選択して、設定を行います。以下の操作はブラウザでTableau Publicにサインインして行います。

❶ ワークブックの右上部もしくは下部のタイトルの右側で、[Edit Details]をクリックします。

❷ 下部のチェックボックスの設定を調整し、[Save]をクリックします。

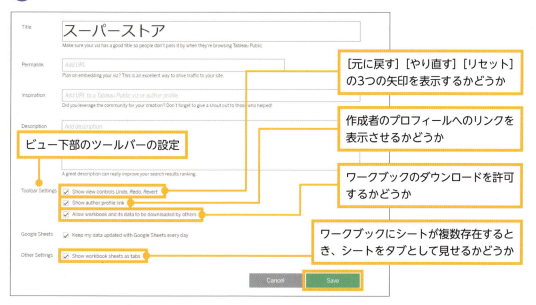

Tableau Publicのプロフィール画面からは、以下の内容が設定、実行可能です。

図10.1.2　Tableau Publicのマイプロフィール画面

10.1.3 共有

　Tableau Publicにパブリッシュしたワークブックの共有方法は、Tableau Server・Tableau Onlineと同じく、[ダウンロード]と[共有]があります。Tableau Public上のビューもウェブページに埋め込めるので、オープンデータで作成したTableauのビジュアルが企業のウェブページに埋め込まれる事例も増えています。[共有]から、ソーシャルメディアでの共有も簡単です。詳しくは➡7.1.6を参照してください。

10.1.4 参考となるワークブックを検索

　Tableau Publicには、非常に多くのワークブックが上がっています。Tableauでどのような表現ができるか可能性を知りたいとき、ワークブックを作るときのデザインのインスピレーションを得たいとき、効果的な視覚効果の参考にしたいとき、優れたビジュアル表現を探してみましょう。

　Tableau Publicの[ギャラリー]では、1日に1つ優れたVizが紹介される[今日のViz]と、いくつかの視点でまとめられた[ピックアップ]に、秀逸なビジュアル表現がまとまっています。

データを変更して再利用

Tableau Desktop、Tableau Server・Tableau Onlineで作成したワークブック、Tableau Prep Builderで作成したフローを、データだけ別のものに変更する方法を紹介します。同じビジュアル表現を作るとき、同じデータ準備の処理をするとき、再利用できると大幅な時間短縮につながります。

10.2.1 データの接続先を変更

　同じビジュアルを他のデータで可視化するために、また、同じフローを他のデータで出力するために、接続しているデータを変更します。この方法は、同じ種類のファイルやサーバーにのみ適用できます。

■ Tableau Desktopでデータの接続先を変更

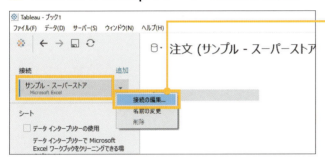

❶ [データソース] ページの左上部の [接続] にあるデータソース名を右クリック > [接続の編集] をクリックします。

❷ 新たなデータソースを指定します。

■ Tableau Server・Tableau Onlineでデータの接続先を変更

　Tableau Server・Tableau Onlineでデータソースを編集できるのは、Creatorのライセンスをもつユーザーのみです。

　Tableau Server・Tableau Online上でアップロードもしくは接続したデータソースに接続している場合は、「Tableau Desktopでデータの接続先を変更」で紹介したのと同様の手順で行います。パブリッシュされたデータソースに接続している場合は、次の手順で操作します。

323

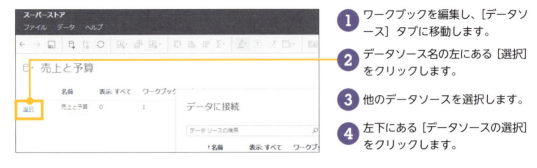

① ワークブックを編集し、[データソース] タブに移動します。
② データソース名の左にある [選択] をクリックします。
③ 他のデータソースを選択します。
④ 左下にある [データソースの選択] をクリックします。

　なお、データソースを包含したワークブックをパブリッシュしている場合は、データはワークブックに内包されているためWeb上で接続先を変更できず、ダウンロードしてTableau Desktopで操作する必要があります。

■ **Tableau Prep Builderでデータの接続先を変更**

① 左側にある青色の [接続] ペインを開きます。
② データソース名を右クリック＞[編集] から、新たなデータソースを指定します。

10.2.2 データソースの置換

　異なる種類のデータソースに接続したい場合は、置換を行います。たとえば、データベースからダウンロードしたある期間のCSVファイルを使ってワークブックを作成し、共有前に元のデータベースに接続を切り替えたいときなどに必要な操作です。
　なお、本書執筆時点でTableau Server・Tableau Onlineに置換機能はありません。

324

Tableau Desktopでデータソースを置換

① ツールバーの［新しいデータソース］ボタン をクリック、もしくは、ツールバーのTableauのボタン をクリックして、新たなデータソースに接続します。

② メニューバーから、［データ］＞［データソースの置換］をクリックします。

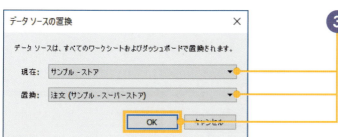

③ ［現在］接続しているデータソースを確認し、［置換］したいデータソースを指定して［OK］をクリックします。

置換機能は、置換前後で同じ名前をもつフィールドを置換します。そのため、計算フィールド、グループなど、新しいデータにないフィールドを使う場合は、手動でコピーする必要があります。また、フィールド名の変更や階層、フォルダーなどの設定は引き継がれません。
同一データソース内で参照されているフィールドを置換したい場合は、元のフィールドを右クリック＞［参照の置換］から、別のフィールドに切り替えることができます。置換前後でフィールド名が異なるときなどに使用します。

325

■ **Tableau Prep Builderでデータソースを置換**

　本書執筆時点でTableau Prep Builderに「置換」機能はありませんが、置換させることは可能です。

① 置換したいデータソースに接続します。

② 元のインプットステップを右クリック＞［削除］をクリックします。

③ 新しいインプットステップを、次のステップの左側にドラッグし、［追加］にドロップします。

④ 置換できました。

その他の情報

ここではTableauを利活用する上で、役立つサイトを紹介します。

10.3.1 Tableau Trust

　Tableau Trustでは、Tableau OnlineとTableau Publicの現在のステータスが確認できます。さらに、過去のインシデント履歴と、メンテナンスが予定されていればそのスケジュールと所要時間が記載されます。

　https://trust.tableau.com/

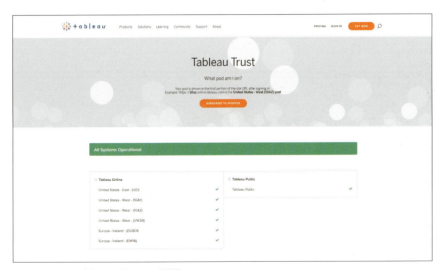

図10.3.1　Tableau Trustの画面

　Tableau Onlineは、ポッドごとにステータスが表示されます。Tableau Onlineにアクセスして、そのURLからサイト作成時に指定したポッドを確認できます。次のURLであれば、ポッドは「dub01」です。

　例：https://dub01.online.tableau.com/#/site/sitename

10.3.2 Tableau Community

　Tableau Communityでできることは、大きく3つあります。Tableauの使い方を質問できるForums、ユーザーとつながることができるUser Groups、新機能のアイデアを投稿できるIdeasです。

　https://community.tableau.com

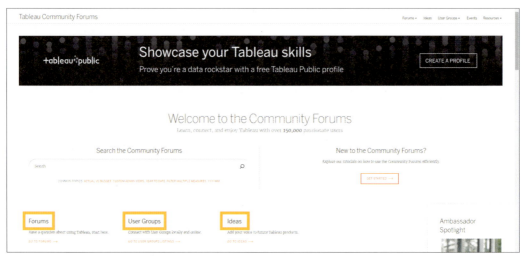

図10.3.2　Tableau Community

■ Forums

　Tableauの使い方で不明点があれば、「ディスカッションの投稿」から誰でも質問できます。逆に、質問の内容がわかれば、誰でも回答できます。Forumsには「Japan」というGroupもあり、日本語でやりとりされています。

　https://community.tableau.com/groups/japan

　「ピープル」タブから、Communityに参加しているユーザーがリスト表示されます。メッセージを送ってコミュニケーションをとることもできます。

図10.3.3　Tableau CommunityのJapan Group

■ User Groups

　User Groupsから日本にもUser Group（ユーザー会）が存在することが確認できます。ユーザー会は、ユーザー企業の事例発表や新機能の紹介などをユーザー自身が共有し、ユーザー同士がコミュニケーションを図る場です。

　業界別や地域別の分科会としてのユーザー会も存在します。◯10.3.3のイベントから、各種ユーザー会に参加登録できます。

■ Ideas

　Tableauのいずれの製品・サービスにおいても、欲しい機能があればこちらから「アイデア」を投稿できます。すでに投稿されているアイデアに対して、「賛成票を投じる」こともできます。開発チームは、要望が多いアイデアを優先的に新バージョンに取り入れています。

10.3.3　イベント

　Tableauでは、さまざまなイベントを開催しています。ユーザー同士が情報共有を行うユーザー会、Tableauの製品・サービスを体験できるハンズオンやワークショップ、事例や情報提供をインターネット上で実施するライブウェビナー、あるトピックについてインターネット上で製品説明を行うライブオンライントレーニングなどを頻繁に行っています。イベントの一覧はTableauのウェブページから［コミュニティ］＞［イベント］、ライブオンライントレーニングは［ラーニング］＞［ライブトレーニング］をクリックすると表示されます。

　https://www.tableau.com/ja-jp/community/events
　https://www.tableau.com/ja-jp/learn/live-training

10.3.4 サポート体制

　Tableauのライセンスをもっているユーザーは誰でも、Tableau社のテクニカルサポートを利用できます。エラーやバグなどの不具合だけでなく、使い方全般を問い合わせることができます。ビジュアル分析を行う中で、Tableauの操作方法、算出したい値の出し方、イメージするグラフの作り方など、具体的な疑問をテクニカルサポートに質問しながら、スキルアップしていきましょう。

　1つ1つの質問を「ケース」と呼び、Tableauのサイトからケースを作成して問い合わせを行います。

・テクニカルサポートへのお問い合わせ：ケースの作成
　https://www.tableau.com/ja-jp/support/case

① ケースの作成を行うサイトにアクセスしたら、検索枠にキーワードを入力して関連する情報を検索します。

② 求める回答が見当たらないときは、[ケースを作成してください]をクリックします。

③ 質問や連絡先を入力して、[ケースを送信]をクリックします。

∎∎∎INDEX さくいん

記号・数字

.hyper	295
.tde	295
.tds	133
.tdsx	133
.tdsx	134
.tfl	300
.tflx	300
.twb	244, 245
.twbx	244, 245
100%帯グラフ	18, 66
100%積み上げ面グラフ	18, 69
1つの軸で複数メジャーを扱う表現	17

B

Bar in Barグラフ	17, 63

I

In	164

O

Out	164

T

Tableau	2
製品体系	2
ライセンス体系	8
Tableau Bridge	305, 309
Tableau Community	328
Tableau Creator	8
Tableau Data Management Add-on	9, 315
Tableau Desktop	2
操作画面	11
Tableau Desktop Public Edition	3
Tableau Explorer	8
Tableau for Students	10
Tableau for Teaching	10
Tableau Mobile	7
Tableau Online	5
Tableau Prep Builder	4
操作画面	13
Tableau Prep Conductor	9, 315
Tableau Public	7, 318
Tableau Reader	6
Tableau Server	5

Tableau Trust	327
Tableau Viewer	8
Tableauソフトウェア寄贈プログラム	10

U

URLアクション	234

W

[Webページ] オブジェクト	223

あ

アクション	229
値の分割	274
[アナリティクス] ペイン	13

い

移動平均	18, 88
[イメージ] オブジェクト	222
[色]	172
色塗りマップ	19, 99
インプットステップ	264

う

ウォーターフォールチャート	18, 69

え

エクスポート	254
CSV形式	255
データソース (.tds、.tdsx) 形式	255
データソース (.tdsx) 形式	255
円グラフ	16, 36
円と色で表現するマップ	98

お

帯グラフ	16, 28
オブジェクト	219
折れ線グラフ	16, 24

か

カード	12
会計年度の変更	141
階層	153
[拡張] オブジェクト	224
画像	
エクスポート	259

331

コピー	259
カラム	12
簡易表計算	66
完全更新	117
ガントチャート	17, 49
管理図	18, 77

き

キャンバス	12
共有	322

く

[空白] オブジェクト	222
クラスター	210
クリーニング	273
クリーニング作業	269
[ステップの追加]	269
グループ	158
グループ化	272
クロス集計表	19, 104

け

傾向線	207
計算フィールド	156
結合	124, 282
結合句	126
結合セット	165
結合タイプ	126
[結合] ペイン	14

さ

差	18, 83
[サイズ]	171
サイドバー	13
散布図	16, 32

し

[シート] タブ	12
シートに移動	236
シェルフ	12
軸の範囲の変更	201
集計	23
集計方法を変更	23, 24
集計ステップ	287
順位変動グラフ	18, 92
[詳細]	168
書式	194
書式設定	194

シートレベル	195
ビューで使用中のフィールド	200
フィールドレベル	197
ワークブックレベル	194

す

垂直方向のオブジェクト	221
水平方向のオブジェクト	221
ステータスバー	13
ストーリー	238
ストーリーポイント	238
スパークライン	17, 45
ディメンションの項目でグラフを並べる	46
複数のメジャーでグラフを並べる	47
スモールマルチプル	17, 48
スロープグラフ	17, 52

せ

[接続] ペイン	14
設定	225
デバイス別のサイズ	226
レイアウト	225
セット	161
作成	161
線グラフ	24
前年比	18, 90
前年比成長率	18, 90

そ

「相対日付」フィルター	186
増分更新	117
[ソースシート]	231

た

ターゲットシート	231
ターゲットフィルター	232
滝グラフ	18, 69
ダッシュボード	214
サイズの指定	218

ち

置換	324
地図	19, 96
操作方法	98
抽出接続	115, 117
完全更新	117
増分更新	117
地理的役割	96

つ

ツールバー	13
ツールヒント	174
積み上げ棒グラフ	16, 28
積み上げ面グラフ	16, 31
ツリーマップ	16, 35

て

定数線	204
ディメンション	13, 145, 148
ディメンションフィルター	177
データインタープリター	122
データ型	136
クラスターグループ	137
グループ	137
数値（小数）	137
数値（整数）	137
地理的役割	137
日付	137
日付と時刻	137
ビン	137
ブール	137
文字列	137
データグリッド	12, 14, 269
［データサンプル］ペイン	264
データ接続	110, 262
Excelファイルへの接続	111
Tableau Desktop	110
Tableau Online	113
Tableau Prep Builder	262
Tableau Server	113
［サーバーへ］からの接続	110
抽出接続	115
［ファイルへ］からの接続	110
［保存されたデータソース］からの接続	111
ライブ接続	115
データソース	133
データソースフィルター	119
［データソース］ページ	11
データの保存	133
［データ］ペイン	13
整理	150
［テキスト］オブジェクト	222
［テキスト設定］ペイン	264
テキストテーブル	104
テクニカルサポート	330

と

ドーナツチャート	17, 54
ドリルダウン	25

な

内部結合	284
並べ替え	190
ダイアログボックス	192
ビュー上での並べ替え	190, 191

に

二重軸	43
シェルフで二重軸を指定	44
ビューにドロップ	43
二重軸マップ	19, 102

は

ハイライトアクション	233
ハイライト表	19, 106
箱ヒゲ図	16, 40
パッケージドデータソース	133, 134
パッケージドフローファイル	300
パッケージド ワークブック	244, 245
パブリッシュ	2
パレート図	18, 71
バンプチャート	18, 92

ひ

ヒートマップ	19, 101, 107
ヒストグラム	16, 39
日付型への変更	138
「日付の範囲」フィルター	187
日付フィルター	186
ピボット	121, 291
ビュー	13
ビューツールバー	98
ビューの共有	249
表計算	66
表示データ	
エクスポート	256
コピー	256
ピル	25
比例シンボルマップ	19, 98
ビン	39

ふ

フィールド	12

グループ……………………158	メジャーネーム………………148
検索………………………150	メジャーバリュー………………148
作成………………………156	メジャーフィルター………… 177, 184
名前を変更………………151	メンテナンスリリースバージョン…………250
表示・非表示……………151	
フォルダー管理……………152	**ゆ**
不連続……………………146	ユニオン……………… 128, 278
連続………………………146	手動……………………129
フィルター………… 177, 271	ワイルドカード……………130
他のシートに適用……………218	［ユニオン］ペイン……………14
フィルターアクション………… 229, 231	
フォルダーの作成………………152	**よ**
複合グラフ………… 17, 43	予測………………………209
ブレットチャート………… 17, 59	
不連続……………………146	**ら**
不連続フィールド………………172	ライセンス
フローファイル………… 4, 13, 300	Tableau Creator ………………8
［フロー］ペイン……………14	Tableau Explorer ……………8
［プロファイル］ペイン………14, 264, 269	Tableau for Students ……………10
	Tableau for Teaching ……………10
へ	Tableau Viewer ……………8
平均線………………………206	Tableauソフトウエア寄贈プログラム… 10
並列棒グラフ………… 17, 58	ライブ接続………………115
ページ……………………188	［ラベル］………………170
［変更］ペイン……………14	ランキング………………94
ほ	**り**
棒グラフ………… 16, 20	粒度………………………168
ダブルクリックして作成……………21	リリースバージョン………………250
ドロップして作成……………22	［履歴の表示］………………189
［表示形式］を使って作成……………22	
［ボタン］オブジェクト………………224	**る**
	累計………… 18, 80
ま	
マーク………………………168	**れ**
［色］……………………172	レイヤーマップ………… 19, 102
［サイズ］………………171	連続………………………146
［詳細］………………168	連続日付フィールド……………27
［ツールヒント］………………174	連続フィールド………………172
［ラベル］………………170	
マージ………… 131, 279	**わ**
マッピング………… 96	ワークブック………… 244, 245
	Web上で保存……………248
み	ファイルで保存………… 246, 248
密度マップ………… 19, 101	
め	
メジャー………… 13, 145	

334

著者プロフィール

松島 七衣 （まつしま ななえ）

早稲田大学大学院創造理工学研究科修了。 富士通株式会社を経て、2015年1月、Tableau Japan株式会社に入社。

2018年、 経済産業省主催 「The 3rd Big Data Analysis Contest」 の可視化部門にて、 Tableauを使って金賞を受賞。 2018年から、 日経クロストレンドにて、 効果的なビジュアル分析に関する連載ももつ。

Tableauの上位認定資格 「Tableau Desktop Certified Professional」の他、 SASやIBM SPSSなどの分析系製品の資格を保有。

Tableau社による優れたダッシュボードを紹介するViz of the Dayに選出される。

カバーデザイン	嶋健夫
カバーチャート	松島七衣
本文デザイン・DTP	ケイズプロダクション
校正協力	神原亮介

Tableauによる最強・最速のデータ可視化テクニック
～データ加工からダッシュボード作成まで～

2019年 7月18日　初　版　第1刷発行

著　　　者	松島 七衣 (まつしま ななえ)
発 行 人	佐々木 幹夫
発 行 所	株式会社翔泳社 (https://www.shoeisha.co.jp)
印刷・製本	株式会社シナノ

©2019 Nanae Matsushima

※本書は著作権法上の保護を受けています。本書の一部または全部について (ソフトウェアおよびプログラム
　を含む)、株式会社翔泳社から文書による許諾を得ずに、いかなる方法においても無断で複写、複製するこ
　とは禁じられています。

※落丁・乱丁はお取り替えいたします。03-5362-3705までご連絡ください。

※本書へのお問い合わせについては、iiページに記載の内容をお読みください。

ISBN978-4-7981-5974-4　Printed in Japan